建筑围护结构完全解读

Building Envelops: An Integrated Approach

［英］珍妮·洛弗尔 著

李宛 译

江苏凤凰科学技术出版社

图书在版编目（CIP）数据

　　建筑围护结构完全解读 ／（英）珍妮·洛弗尔著 ；
李宛译 . −− 南京 ：江苏凤凰科学技术出版社，2019.10
　　ISBN 978−7−5713−0399−0

　　Ⅰ . ①建… Ⅱ . ①珍… ②李… Ⅲ . ①建筑物−围护
结构−研究 Ⅳ . ① TU399

　　中国版本图书馆 CIP 数据核字 (2019) 第 109903 号

Building Envelopes: An Integrated Approach / Jenny Lovell
First published in the United States by Princeton Architectural Press
Simplified Chinese Edition Copyright:
2013©Phoenix Science press
All rights reserved.
江苏省版权著作权合同登记: 图字10-2013-270

建筑围护结构完全解读

著　　　者	[英] 珍妮·洛弗尔
译　　　者	李　宛
项 目 策 划	凤凰空间／曹　蕾
责 任 编 辑	刘屹立　赵　研
特 约 编 辑	石　磊

出 版 发 行	江苏凤凰科学技术出版社
出版社地址	南京市湖南路1号A楼，邮编：210009
出版社网址	http://www.pspress.cn
总 经 销	天津凤凰空间文化传媒有限公司
总经销网址	http://www.ifengspace.cn
印　　　刷	固安县京平诚乾印刷有限公司

开　　　本	710 mm×1 000 mm　1／16
印　　　张	12
版　　　次	2019年10月第1版
印　　　次	2019年10月第1次印刷

标 准 书 号	ISBN 978−7−5713−0399−0
定　　　价	69.00元

图书如有印装质量问题，可随时向销售部调换（电话：022−87893668）。

序

20 世纪，建筑围护系统的性质发生了根本性的变化。人们开始认为它是一个独立的、没有结构作用的层次，只具有保护建筑内部免遭外界干扰的单一功能，而不再是结构的一部分——一种单一的、均质的、有开洞的面。

乍一看，建筑结构与表皮的分离似乎具有解放意义，使当代建筑师可以自由地发明新的、根本性的方法来解决建造建筑外壳的难题。但是，正如书中所说，实际情况更加复杂，也更加有趣了。建筑表皮的设计必须解决一系列的问题：从单一材料的技术性能和装配性能到最终建筑形式的视觉外观和适宜性。

在这本书中，珍妮·洛弗尔将这些不同的问题写下来并加以解释，她将这些问题完全融入到设计过程中，提供了直接从这些问题的解决中产生建筑形式和意义的前景。为了达到这种效果，设计者必须采用一种综合的方法，将建筑如何运作的实际认知（它如何保证使用者身体舒适）和建筑外观的美学或文化认知（它如何融入环境以及它代表了什么）结合起来。正如洛弗尔所描述的"将诗意的感性和实际应用结合起来"。

过去，在处理这些问题的时候，建筑师通常会将自己的责任理解为两方面，一方面是对于他的客户——建筑的服务对象的责任，另一方面是对于自己的职业声誉负责。然而在今天，仅这样思考已经不够了。气候变化的威胁以及对于抑制气候变化的日益迫切的需求，赋予了建筑师另一个基本的义务，即设计的建筑要在其建造和长期使用过程中消耗尽可能少的资源。

因此，创造性和新颖性对于未来建筑表皮的设计将至关重要，将设计团队所有成员的技术和经验完全整合起来，将是这一过程的基础。我们所需的创新是一种特定的创新：它的引入不是为了使一个建筑看起来与其他建筑不一样，而是为了开发可以广泛传播和应用的新模型和原型。

这就需要对将要处理的问题进行更加全面的了解、对可能要采用的方法进行更积极的研究，以及对如何解决这些难题进行更有想象力的推测。由于学科的性质，这也意味着建筑师必须能够向他的客户解释这些问题，从而得到他们对于所需的不可避免的额外投资的支持。

本书同样倡导的是，建筑师应该重视项目的特点——建筑需要适应的气候特点、需要应对的活动类型，以及如何改善周边环境。这样才能建造出具有原创性和想象力的建筑、不平庸的建筑。

建筑的表皮形成了它内部环境与外部环境的特定界面。因此，它的设计在整个建筑设计过程中处于核心地位，本书可以为这个设计过程提供信息和激励。

鲍勃·埃利斯

埃利斯 – 莫里森建筑事务所，伦敦

目　录

致　谢

　　《建筑围护结构完全解读》是我的第一本出版物，作为建筑师，我现在可以说，出版一本书就像设计一座建筑一样，需要一个团队去完成。如果没有团队的参与，这本书是不可能完成的，我非常感谢这个团队。

　　感谢普林斯顿建筑出版社的珍妮佛·汤普森，她首先对于我所说的内容产生兴趣和信心，并让我着手开始写这本书，从而开启了编写整本书的进程。感谢克莱尔·雅各布森一直以来的帮助。感谢我的编辑贝卡·卡斯本以及团队的其他人，他们使这个作品成为现实。

　　感谢我在圣路易斯华盛顿大学的所有同事，他们使我能够在 2008 年开始这项工作。感谢主任卡蒙·科朗杰洛以及山姆福克斯学院教师创造活动研究资助委员会给我的资助，使得书籍的出版成为可能。感谢布鲁斯·林赛主任的大力支持，感谢他渊博的知识以及他慷慨献出的宝贵时间。另外要十分感谢我的研究助理们：珍·凯顿（华盛顿大学 2008 级学生），感谢她不倦的奉献、冷静和专业精神；爱克塔·德赛（华盛顿大学 2010 级学生），他把我的图和表转化成数字格式并且总是很有幽默感地向大家分享他运用 Adobe Illustrator 软件的体验和喜悦。感谢我在建筑和城市设计研究生院的所有同事，尤其是保罗·J·唐纳利、罗伯特·麦卡特、彼得·麦基恩和迈克尔·雷波维奇，感谢他们给予的反馈；感谢山姆福克斯 IT 团队的理查德、鲍勃，和杰夫的“百万字节”。同样感谢我之前在弗吉尼亚大学的老同事——朱莉·巴格曼、比尔·舍曼、安塞尔莫·坎福拉，他们在本书的策划阶段帮助了我，还特别感谢我的导师、朋友，我持续的正能量来源——威廉·莫里什。

　　感谢书中所有实践、工作的执行者，感谢他们慷慨的奉献：阿尔福德 – 霍尔 – 莫纳汉 – 莫里斯建筑事务所的保罗·莫纳汉、西蒙·阿尔福德、莫拉格·泰特、杰玛·霍尔和露西·斯威夫特；埃利斯－莫里森建筑事务所的鲍勃·埃利斯、格拉哈姆·莫里森、乔·贝肯和尼古拉斯·钱普金斯；奥雅纳建筑事务所的德克兰·奥卡罗尔、保罗·布里兹林、迈克尔·比文和伊林·西；奥雅纳工程顾问公司的菲奥纳·卡曾斯、塔利·梅吉科夫斯基和安德鲁·霍尔；十工作室（Atelier Ten）的帕特里克·贝柳；斯图尔特·布兰德；标赫工程顾问公司的马特·赫尔曼和伊恩·马多克斯；坤龙建筑设计公司的蒂姆·库克；伦斯勒理工学院的安娜·戴森、杰森·沃利恩、艾米丽·雷·布雷敦和基思·范德里特；英属哥伦比亚大学建筑学院的雷蒙德·科尔博士；威宁谢公司的迈克尔·克拉克内尔和斯蒂芬·穆迪；格伦·豪厄尔斯建筑师事务所的海伦·纽曼和尼古拉·霍普伍德；霍金斯－布朗建筑事务所的大卫·比克尔和杰西卡·比拉姆；霍伯曼联合事务所的查克·霍伯曼和克雷格·霍兰德；圣路易斯霍克公司的米歇尔·平克斯顿；利夫舒茨－戴维森－桑迪兰兹建筑事务所（Lifschutz Davidson Sandilands）的詹姆斯·迈尔斯；麦肯锡咨询公司的特里·威利斯、安德斯·恩奎斯特和莫妮卡·伦加茨切尔；麻省理工学院副教授约翰·费尔南德斯；帕玛斯迪利沙集团的罗伯特·比基亚雷利；索布鲁赫－胡顿建筑事务所的路易莎·胡顿、莉娜·拉希里和伊莎贝尔·哈特曼；SHoP建筑师事务所的格雷格·帕斯卡雷利、蒂芙尼·塔拉斯卡、纳丁·贝尔格和科瑞·沙普尔斯；圣路易斯华盛顿大学人类学院副教授赫尔曼·庞泽；瑞典瀑布能源公司的杰西·法恩斯托克，以及威廉·麦克多诺及其伙伴事务所的马克·阮兰德、玛莎·玻姆、基拉·古尔德和凯文·布基。

　　感谢我的学生、各位老师、实践者和专家与我进行的所有谈话，希望这样的对话可以持续下去！

　　最后要感谢我所有的朋友和家人，他们全程给予我耐心和支持，尤其是索菲亚·洛弗尔、艾丽西亚·皮瓦罗、佐·布莱克勒和桑德拉·沙尔；我的丈夫克里斯；我的双胞胎儿子卢西安和雷恩，他们为这本书失去了那么多和妈妈在一起的时间。

珍妮·洛弗尔

简　介

　　建筑的围护结构，或者说它的外壳或表皮，必须同时满足许多需求，包括通风、太阳能热增益、眩光控制、日照水平、隔热、水的控制、材料、装配、噪声和污染控制等，这些需求使得它的设计变成了一个复杂的平衡过程。然而，将环境系统整合成一个清晰、全面、优雅的设计并不是一种拼贴式的操作。它必须全面考虑关乎整体的各个部分，以便制定出能在多种尺度下运作的清晰策略。《建筑围护结构完全解读》可作为基于整个过程的思考的"工具箱"，同时还可为一线设计师和学生服务。它提供针对建筑表皮设计和技术的综合方法，而不是一个简单的指导手册或案例研究集合。

　　这本书直接产生于我在圣路易斯华盛顿大学所教的一门叫"温室（Hothouse）"的专题课程，以及我在弗吉尼亚大学建筑学院讲授的一门叫"建筑综合"的课程。它同样根植于我作为一名建筑师的工作，我希望它能成为连接实践和学术的一座桥梁。通过这两门课程以及整体的教学，我一直努力把设计和技术融入建筑整体的探讨中。

　　为了使学生为职业生涯做好准备，建筑学的设计课题和技术课程提供了许多机会，使学生能在真实的市场环境中改变他们实践和认识事情的方式。理想情况下，学术是建筑设计和实施创新的源泉，因为它不受实践的时间和经济情况的制约。但是，现在建设的高速化使得实践和工业在建筑表皮的设计和实施中占据了主导地位。建筑表皮相关的课程和职业实践通常是分开的。然而，如果最好的实践案例和前沿的进展在学术的领域得到讨论和探索，那么将很有可能产生一种持续的综合的思维模式，使得教育和实践相贯通（反之亦然）。

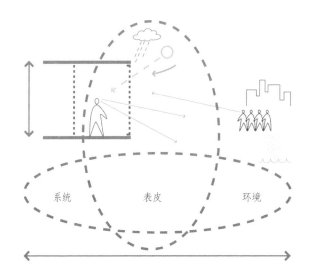

一个建筑师的视角：建筑的表皮是联系建筑内外的桥梁，也是性能
与形式之间的桥梁。在设计一个既实用又优雅的表皮的过程中，有
很多的问题和影响因素起作用，包括建筑设计目标、使用者、气候、
语境（社区／周边建筑／自然环境／规范）

　　《建筑围护结构完全解读》由三部分组成。第一部"分形式与性能的循
环反馈"，在场所、尺度、性能和时间等方面为整个建筑表皮设计策略建立
了评价标准。第二部分"整体分析要素"中的各要素——空气、热量、水、
材料、日光和能源——代表了现在实践面对的问题，并且展现了通过良好的
设计、发明和综合方法可以实现的解决方法。第三部分"建筑表皮综合策略"
中的案例研究提供了那些成功结合了诗意的感性和实用性的建成作品。

　　随着我们越来越意识到解决和避免地球环境被破坏的必要性，第二部分
所描述的要素就变得尤其重要。美国一半的能源消耗和二氧化碳排放都是由
建筑造成的[1]。如果我们想要控制建筑对于环境的负面影响，那么建筑表
皮设计——从墙体装配的细节到场所和项目的环境——必须是解决方法的重
要组成部分。

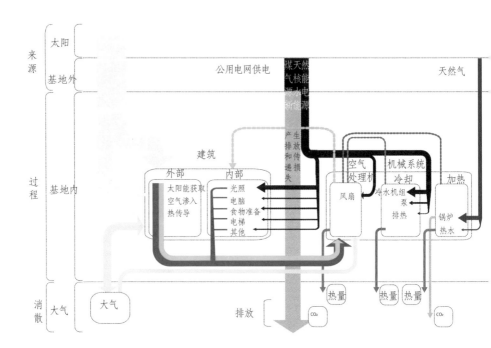

一个工程师的视角：这个由标赫工程顾问公司的马特·赫尔曼制作的示意图表现了建筑中能量的流动情况。这个过程的低效产生了浪费，污染了空气和水。建筑表皮设计的目标应该是建筑中的能源利用率最大化，并且使污染最小化。通过理解利用能源与疏导能源之间不同的系统关系，就有可能减少或消除这种低效

　　为了转变我们思考建筑表皮的方式，我们必须首先意识到在当前形势下产生的难题。人们对建筑全封闭且有中央空调的需求使人们丧失了对于环境的自主控制。市场上对于全玻璃幕墙的需求直接与当前解决环境问题的责任冲突。一个建筑的表皮必须综合各种系统和需求，然而最重要的是它必须与人体的舒适和尺度，以及自然的动态性相契合。作为建筑师，必须分析、解决各种复杂的问题及其相互关系，并且在一个清晰的设计策略框架下将这些问题重新整合。设计和技术创新的目的不是为了创造复杂的形式，也不是为了恒定不变的室内环境，而是为了使建筑适应环境并对环境敏感，并有一个可适应性强的、对于环境敏感的内外边界。

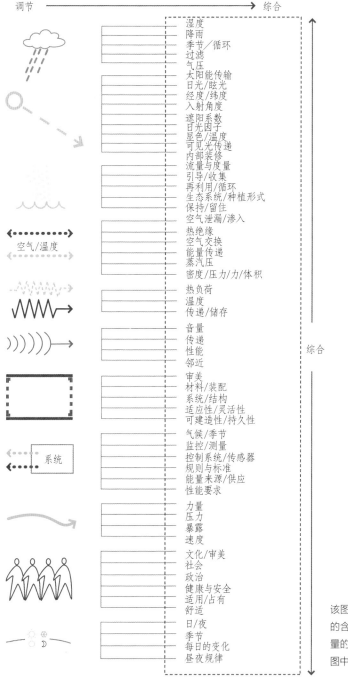

该图例包括全书图中各图标的含义，它们是各种相关变量的综合代表，但不仅限于图中的列表

第一部分
形式与性能的循环反馈

　　建筑表皮的整体设计、形式、性能和结构如何能够与其特定的观念和环境相结合？最好的解决方案通常是对建筑设计的多个不同侧面进行整体的研究，基于此，第一部分将重点针对整体形态和具体性能进行综合考量。马蒂亚斯·绍尔布鲁赫，著名的英德建筑事务所索尔鲁赫-胡顿的合伙人，曾对将设计与实用性能综合考虑的重要性进行了探讨。最近他提出"可持续性与差的设计是明确地相矛盾的。好的建筑品质本身有助于提升人的舒适感并延长建筑寿命"[1]。为此，本部分内容将从讨论人体的舒适度开始，随后解释建筑表皮所需应对的特定气候与语境条件，包括室内需求和周边环境。

　　建筑内的生活品质、感官愉悦和性能很大程度上取决于设计的最初阶段，这些元素应该在设计初期作为建筑的基本要素进行考虑。建筑的设计团队，建筑材料的选择、装配、性能分析以及全生命周期分析，都在一个综合可持续的建筑表皮的创造中起到一定作用。

人体的舒适度

除了最干旱和最寒冷的地区外，人类几乎可以在地球上所有目前有人居住的地方独立存在……但是，为了繁荣发展，而不仅仅是勉强生存，人类需要更多的安逸和闲暇，而不是赤手空拳、衣不蔽体、单枪匹马的生存斗争。

——雷纳·班纳姆《环境良好的建筑》（Reyner Banham, *The Architecture of the Well-tempered Environment*）

起源

人体的舒适范围是有限的，取决于活动和环境状况。人类最初是在南北回归线之间的一条相对狭窄的气候带内起源进化的，然后又迁徙到温带气候区，所以舒适范围是我们进化史的产物[1]。

人体通过一套复杂的平衡系统来调节体内外的能量交换，以保持器官正常运转所需的平均 37 ℃的体温。在建筑中，电脑、灯、人和太阳的热量（透过表皮），以及空气的温度、湿度和流速共同决定了建筑内部环境状况，从而影响使用者的人体温度。而我们在身体维持热量平衡的吸热和散热过程中调节新陈代谢速率。

为什么要以人体舒适作为建筑表皮设计的出发点？

通常认为，人类最初起源于非洲赤道附近，后迁移到气候更加温和的区域

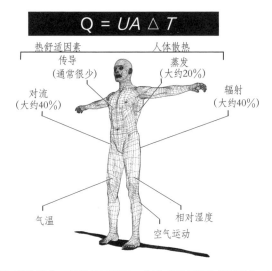

关于人体热舒适因素的等式："Q"表示能量，"U"表示导热性（热通过一个物体传递的速率），"A"表示面积，"ΔT"表示一个墙体构件所分隔的内外环境的温度差；传导、对流、辐射、蒸发、空气温度、空气运动和相对湿度都影响这个等式

当一群不同的人在一座建筑中一起生活或工作时，由表皮界定的内部空间必须同时对集体和个人负责，需要通过一系列环境参数来确保舒适。舒适可以认为是身心的愉快，以我们各种感官（视觉、听觉、味觉、嗅觉和触觉）的感受为基础，如工程师马克斯·福德姆所说："我们的感官反应让我们知道自己是否舒适，并以此影响我们的幸福感[2]。"

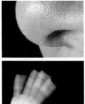
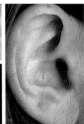

舒适度

　　建筑表皮设计直接影响与舒适度有关的环境条件，包括温度、湿度、光、声、视觉景象、气流和空气质量。根据建筑系统标准，通常人们可以接受的舒适的室内环境是气温 20 ~ 25 ℃、湿度 30 % ~ 70 %，建筑环境系统可以以此标准衡量[3]。然而，舒适度比量化的温湿度更加复杂和微妙，我们不应受此限制。热舒适本身是与内外温度动力空间状况、湿度、气流速度以及个人因素相关的。个人因素包括衣着类型、活动程度、年龄、性别、健康状况、新陈代谢速率、感知能力和记忆等。经过几周或几个月的时间（比如季节变化），人体的新陈代谢可以适应更加广泛的温度范围而不只局限于我们所设定的"正常"温度。这被称为适应性舒适。

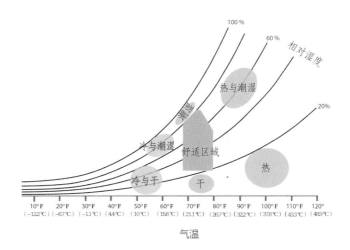

空气线图表示了空气温度、湿度与人体舒适的关系：水平轴线表示气温，曲线表示相对湿度（RH），曲线越陡，表示 RH 越大。舒适区域随着温度、空气流动速率和人体活动而改变

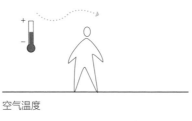

空气温度

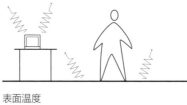

表面温度

湿度

空气运动

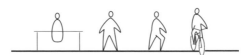

新陈代谢、着装和运动：热舒适要素

在过去的一个世纪里,建筑表皮以及供暖、通风和空调系统(HVAC)的进步已经塑造了我们对于温度波动的适应力。建筑表皮可以采用更多的玻璃幕墙,代价是用机械系统来抵消幕墙带来的热量获得或损失,以保持室内温度的恒定。调节室内环境的设备系统基于整体空间进行控制,而不是由个人使用者操控。因此,由美国供暖、制冷和空调工程师协会制定的建筑标准 ASHRAE Standard 55—2004 要求:一个空间内所处环境相同的使用者中,至少要有 80 % 在任何时间都感觉舒适[4]。

适应性

从本质上讲,我们并不期望我们的环境能保持恒定的、有空调的22℃。我们对于舒适的感知是有适应性的,这取决于环境状况、对于环境的期望和人的活动。它影响我们的着装选择——如果天气热,我们就穿得少,如果天气冷,我们就穿得厚。在正常的气候变化中,我们适应温度变化的能力是由舒适的标准以及不同地区温暖或寒冷的标准决定的。比如,同样是 18 ℃,1 月和 7 月或者凤凰城的人和朱诺市的人,感觉是完全不一样的。人们不是必须要受 20 ~ 25 ℃标准舒适温度的限制,这个温度是针对工业时代享受集中供暖和制冷的人们的。几个世纪以前,这个温度范围对于大多数人都不适用[5]。

我们的身体有自动调节热量的体系,比如通过流汗、呼吸来蒸发散热。如果我们预期到室内环境会有所波动,我们自身也可以合理地调节身体,即使建筑温湿度不在标准舒适范围内也能保持舒适。

皮肤,热交换表面

舒适度、空间和控制

办公室空间，在这里，人们一周要待 40 多个小时，必须解决每日、每季、每年的舒适性和可控的灵活性。如果你能在一个办公建筑内使得 80％的人达到舒适，这大部分要归功于它的表皮，但是一个更好的设计可以缩小剩下 20％的人的满意差值。让使用者能够以某种方式——比如说，他们可以打开或关闭窗户，或者利用遮阳设备来改变热量获得和控制高光——控制他们的环境，进一步提升个人舒适度。

单元住宅不像办公场所有那么多人、电脑和照明设备，所以内部产热不需要特别考虑。其空间往往比办公空间小，建筑表皮设计可以用来适应特殊的、更多样的需求，比如吃饭、睡觉、洗涤、做饭和休闲。

当然，在办公室和住宅设计中，舒适性不仅包含单纯的热环境，它还包含了室内空气条件、光照水平、声学情况、人体工程学和家具设备的材料，以及获得和控制视野的能力。每个因素都有一套特殊的要求，其要求又根据具体项目和位置而变化。比如，起居室的窗户在黄昏时有暮光照进来或许是令人愉悦的，但对于办公室来说，这可能会带来眩光和高热量引起的不适。

建筑表皮是一个活跃的边界、"一个变化发生的区域"[6]。大约 35％的建造预算花在建筑围护结构上，建筑表皮是通过被动或主动地控制能量传递来创造舒适环境并降低能源消耗的好地方。如此说来，为了使整体设计最优化，在考虑各环境变量的情况下，将建筑环境舒适与人体以及建筑表皮设计联系起来是至关重要的。

气候与环境

只有在理解了场所的情况下我们才可能创造性地参与并对其历史做出贡献。

—— 克里斯蒂安·诺伯格 - 舒尔茨，《场所精神：迈向建筑现象学》（Christian Norberg−Schulz，*Genius Loci: Towards a Phenomenology of Architecture*）

特定场地

每一个建筑表皮项目都像是一套定制的西服，要根据其特定环境进行剪裁。不论人们在数字设计、预制、模块化施工等领域取得了多大的进步，任何建筑的表皮都有它参与、协调和适应的特殊内外环境。

一个建筑的表皮服务于两种基本需要：它必须围合内部空间，还要塑造并点缀外部空间。在内外部条件下，表皮的任务难免有区别，建筑表皮必须同时应对这两种需要[1]。在外部空间中，建筑表皮需要联系宏观环境和微观环境：朝向、暴露面、地面状况、邻近地区和气候，以及一个地点的历史文化和社会环境。

如同一件西服，一个建筑的表皮必须根据其特殊语境（从气候到使用）定制来得到最适合的效果

要成功设计一个建筑的体量、表皮和材料结构以及设备系统，就必须知道和理解该项目的环境和背景。建筑服务的环境从根本上是由温湿度、气压控制的。这些元素的改变是对流、辐射或传导的能量转移的结果，并且受当地的特殊环境影响。这是建筑表皮必须考虑的动力条件。不同地区的特殊气候条件不可避免地导致各季节在温湿度上有不同的优先考虑点，特定的位置和邻近环境也有这种影响。

数据收集和流通

1960 年 4 月 1 日，泰罗斯气象侦察卫星（第一个电视与红外观察卫星）发射，这标志着气象卫星数据收集的开始，它补充了气象站的数据记录。一个多世纪以来，气象数据得到了系统的收集，交流与记录系统的进步极大地扩展了信息体系。这些数据描绘了通常的天气状况（温度和降雨量）以及极端的气候状况（飓风、干旱、龙卷风）。气候区又将气候与世界各地特定的土壤和植被联系起来。

过去 50 年所收集的数据已经被编辑为电脑兼容格式，并为正在进行的记录提供了基础，建筑师和工程师可以此为依据建立性能标准，并进行建筑仿真模拟分析测量。这些可以改变我们对于建筑性能看法的信息可以通过广阔的渠道获得，包括网上气象站。网上气象站上的实时数据可以直接构建建筑管理系统、能量模型、能量管理系统、立面制动器以及其他系统，用以决定建筑最优化的位置或配置，这些系统的共同特点是把环境状况看作它逻辑控制或决策过程的一部分[2]。

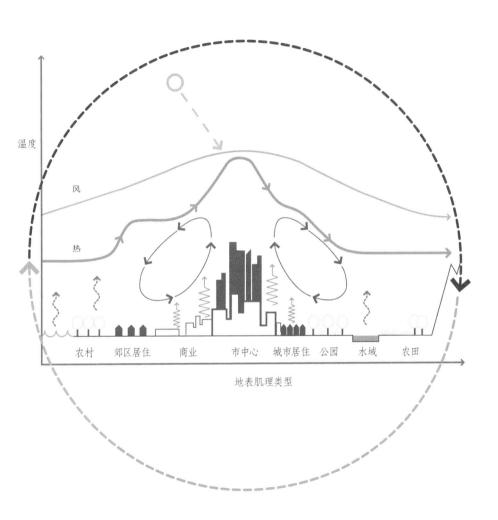

温度

风

热

农村　郊区居住　商业　市中心　城市居住　公园　水域　农田

地表肌理类型

建筑表皮必须起到内外环境过滤器的作用，通过介入、调节和适应实现内部环境的控制。外部环境不只由气候控制，还受邻近区域的一系列因素影响，如城市发展、水体。如图所示，由于密集居住区的人工地表和热量排放引起热岛效应，使城市微气候通常比农村气温高。灰色的循环箭头显示了在城市微气候边缘，冷热空气相交处不稳定的环流。最外边的蓝色和品红色环显示的温度循环不是恒定的，而是在日夜之间处于一种流动状态，并随季节变化，比如，城乡区域间的温度差在冬天的晚上是最大的

我们不能只看其表面值，要通过多种来源方式对与气候环境相关的数据进行评估。数据收集方式和标准各异，比较多来源的数据可以发现由一个来源所发现不了的异常情况。如 EnergyPlus 这种数据库会编辑从多达 20 个来源得来的数据。然而，这些信息通常是基于一个单一的地点的——比如机场或市区——可能不会把周边情况考虑进去，如热岛、湖泊冷却或邻近建筑造成的风洞。

应用和来源

为什么气候数据收集和处理如此重要？一个建筑表皮重点应对某一外部条件意味着什么？随着人们对于化石能源需求增加而其来源减少，并且随着全球变暖越来越明显，能源消耗问题变得越来越重要。建筑表皮必须在外部气候条件和人的舒适度之间调节。通过优化建筑表皮，我们可以控制建筑的热量得失，减少能源消耗。

在 20 世纪，建筑室内环境调节机械发展所需的化石能源超过了以往任何时期。对于利用机械系统控制室内环境的日益增长的依赖，使建筑表皮几乎摆脱了应对环境问题的责任，造成了使用者对于环境问题不负责任的忽视。人们希望建筑的温湿度保持恒定，而不愿应对其波动。地域的特殊性已经被全球性的玻璃盒表皮替代了。比如在迪拜和纽约，建筑在平衡日光、眩光和得热失热方面的需求完全不同，其表皮却是相同的。除了经纬度和气候的不同，一天的天气情况（晴天的气温、气压、相对湿度等的最大值和最小值）对于一个建筑的表皮和系统性能也有显著影响。表皮和内部系统需要多大工作量才能达到舒适？它们需要多少能源？

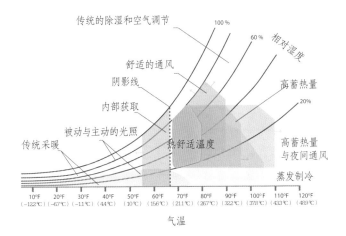

上图基于第 15 页的图表，并加以修饰以显示不同设计策略对于改变
传统舒适范围（橘黄色区域）的效果。蓝色的区域表示各种策略将潜
在的舒适范围拓展到的界限。比如，建筑的高蓄热量与夜间通风策略
相结合，根据环境的特定情况，可以显著扩大舒适范围

分析目标

我们现在可以用精良的气候数据收集系统来评价设计策略的可持续
性。电脑技术的进步使得过去复杂昂贵甚至不可能的分析变得容易。电
脑软件如 eQUEST 和 Ecotect 的用户界面变得越来越友好，它们可以
在一个特定的地点、时间检测建筑表皮方案的性能（详见"建筑模拟工
具"）。通过在设计前和设计过程中利用这些知识和测试，就可以得到
符合场地和环境的设计结果。

这些环境数据都告诉了我们什么？作为表皮和体量设计前期资料的
风玫瑰图或心理测试图，如果不放在其应用环境中看是没有意义的。例
如，风玫瑰图向我们展示了一年中每种方向的风的频率和速度，数据基
于 30 年的气候数据收集。在建筑表皮设计方面，这表现了每个季节的

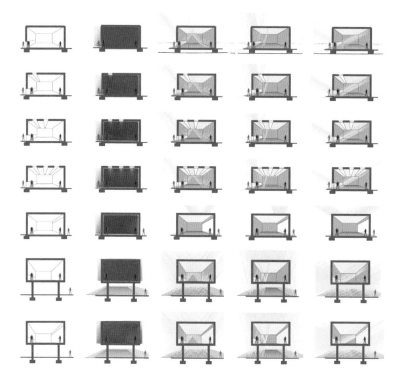

使用 Autodesk Ecotect 软件为一座办公楼测试空间组织和照明方案。基础性的探索显示了不同朝向以及从墙到屋顶不同剖面高度的窗户的情况。从左到右，以上的图片依次表示：有不同窗户的建筑剖面、每年的光照水平、春秋光照水平、夏季光照水平以及冬季光照水平

盛行风，我们可以基于此研究如何利用自然风通风、降温。

气候状况必须经过分析，并通过设计策略予以综合考虑，以达到室内舒适。随着可得到的数据和资源日益扩增，将分析目标作为数据审查和构建模拟的重点，对于明确一个设计的主要问题是至关重要的。

气候和天气在不断改变，所以环境动力特性必须以热量传递、气压变化和湿度变化的每天、每季、每年的循环形式带入到设计中。无论如何，在设计的最初阶段，系统、建造、装配和材料应该作为地点、思想和解决方案的一部分来考虑。

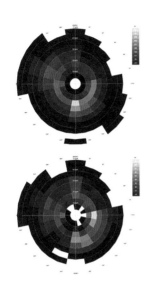

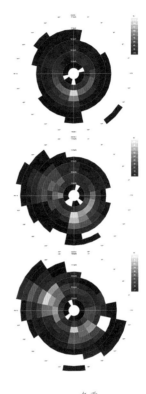

风玫瑰图表现每年以及每个季节的盛行风，以便于为圣路易斯的一个项目设计最优的通风策略

夏季

冬季

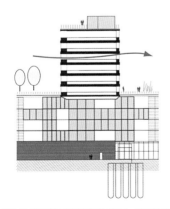

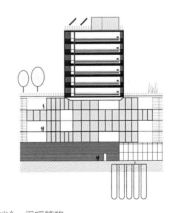

SHoP 建筑师事务所制作的图，表现夏季和冬季的制冷、采暖策略

多学科到跨学科

建筑要求我们不断地从人类和社会的角度重新解释和评估技术……面对现代建筑的尺度和复杂性，如果一个建筑要实现其人文理念，密切合作的跨学科设计团队是必不可少的。

—— 菲利普·道森爵士，《奥雅纳：建筑实践记》（Sir Philip Dowson, *Arup Associates: The Biography of an Architectural Practice*）

随着建筑变得越来越复杂，专业化程度也越来越高。一个典型的设计团队可以由建筑师、结构师、环境工程师、照明顾问、表皮性能专家、声学顾问等人员构成，其人员构成一直在扩增。考虑到在建筑系统和设计的可能性呈指数增长的过程中所需专业知识的深度和广度，一个建筑师要比以往更注意那些影响建筑的感知、体验和性能的技术和流程，然后将这些方面整合成一个清晰的设计策略。

合作

在弗吉尼亚大学教授综合技术课程的时候，我安排了许多顾问在学期中来到教室和设计工作室。来访者包括一些业内最受尊重的结构和环境工程师以及覆盖材料制造者。在课程中，一个不理解这种做法的建筑系学生问："为什么我们要见这些人？我只是想设计我的建筑表皮！"在设计学校里，设计通常是一个独立的操作，学生不习惯与工程师和其他顾问合作。然而，在实践中，建筑师总是与其他专家合作的。让这些顾问访问教室和工作室的意义在于告诉大家建筑师并不是在真空环境中设计的——这是毕业生开始实际工作后很快会意识到的一个事实。

　　建筑表皮（尤其是一个大型建筑表皮）所需的设计和综合系统越来越复杂，没有合作不可能成功完成。为了营造舒适的环境并且以更可持续的方法应对特殊环境内的表皮设计，很重要的一点是一个建筑的建筑师和工程师能从设计的一开始就一起参与工作。这就是综合设计。对它来说，团队合作和建筑师对于项目外围技术知识的把握与实现一个概念设计同样重要。

　　在英国，客户通常直接雇用主要的设计团队成员，如建筑师和工程师，然而在美国，95％的建筑工程师是通过建筑师任命的（根据美国建筑师协会 2005 年的一项调查）。环境策略、结构策略及美观在一个综合的建筑表皮设计中是不可分割的——如果由试图创造形式炫丽的"明星"建筑的客户或建筑师主导设计过程，那么技术工程人员只能在后期调整该形式，以适应环境。这种过程有导致拼贴式解决方案的危险，即在设计后期参与设计的工程师只是在解决前面留下的问题，而不是通过早期跨学科工作来避免这些问题，或把这些问题转变成机遇。

幕墙设计

　　随着更大型、更复杂的建筑表皮设计的合同性责任的增加，某方面的设计专家（大公司的设计团队或独立的顾问）同样可以作为设计团队的一员。比如，一个幕墙设计顾问（通常在工程实践中工作）可在建筑表皮的细节深化和分析中提供专业支持，例如利用电脑模拟的流体力学来理解气流和气压差，以及一个结构的最终分析。

　　跨学科公司标赫的幕墙设计师已经列出了在建筑幕墙设计中需要综合考虑的元素。该图表示了一种以全面的、系统的方式分析建筑表皮设计的方法。每一个圆圈里的学科名称代表了一个完整的学科领域，它们又能引发与之相关的分支，比如"建筑物理"。随着新的技术和设计需求的需要，新的泡泡在不断增加。该图试图把影响和促成幕墙设计成功的所有因素列出来。"图纸／模型""规范"两个泡泡被包围在所有的影响因素里面，这就表示所有的影响因素最终都要在一套系统中解决并展现。这些都被传给了图左边的承包商，然后设计通过可行的、需要的材料和系统表达出来，并且又包含了一系列考虑。很重要的一点是，在承包商制造、检测、安装幕墙之前，就应该认真地考虑和协调各个系统。

主要的材料有：

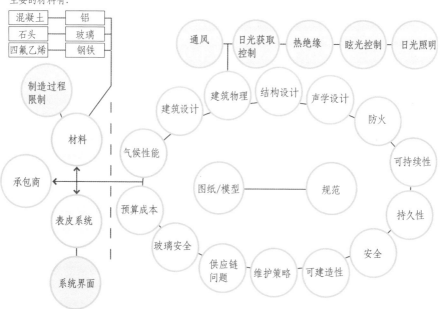

标赫公司的立面工程团队用此图来表示一个多学科、综合的建筑表皮策略的因素是如何相互联系的

关联分析

　　另一种思考多学科关联情况的方式是将其作为一个与学科规模相关的矩阵，一个不光是基于线性过程，而是将相关的学科领域联系的方法，在这里，关注聚集点会随着一个项目的特殊情况而变化。横向思考各个领域，理解每个专家工作的范畴尺度可以大大提高合作的可能性。比如，一个材料科学家可能是在分子尺度上工作，而一个环境科学家可能是在整个生态系统的尺度上工作，这取决于项目的具体性质。这些研究尺度之间的关系可以为综合设计提供新的可能性。为了实现真正的创造，我们需要进行思维模式的转变，从常规的多学科和学科间的团队结构转变为基于团队的跨学科的工作方式[1]。跨学科工作是一种可以分担责任的更加流畅的程序。

	生态地理	基础设施	宏观建筑	内部/空间	人机工程学	结构	机械	微观	分子	纳米	
概念策划	+	+	+	+	+				+	+	
方案设计	+	+	+	+	+			+	+	+	
跨学科协调	+	+	+	+	+	+	+	+	+	+	建
综合建筑系统	+	+	+	+		+	+			+	筑
深化设计	+	+	+	+	+	+	+			+	
净建筑能量流	+	+	+	+							
环境控制系统	+	+	+	+							机
光学工程		+	+	+		+					械
机械电子学		+	+			+	+				工
热传递		+	+	+							程
制造		+	+				+				
环境控制系统		+	+	+					+		
半导体	+	+	+	+					+	+	电
纳米技术	+	+	+	+					+	+	气
能源最优化	+	+	+	+	+	+			+	+	工
微电子	+	+	+	+					+	+	程

由建筑科学技术中心（CASE）绘制的跨学科图，显示了各学科如何参与到不同尺度建筑研究的发展。纵轴显示了各个学科领域的工作（右边是概况的，左边是详细的），横轴显示了它们工作进行的尺度。研发这个图表是为了表示整合集中（IC）系统的团队合作关系

深层合作

现在的建筑工业主要是以多学科的方式工作——参与者和他们的工作可以被划分在清晰分明的范畴内，主要与其职责相联系——这便于在出现错误时指出问题所在。这种职责和控制的体系是有抑制作用的，它阻止了设计团队突破学科边界。多学科的综合设计是一种通过团队发展起来的合作——比如，照明工程师与幕墙设计师合作来使建筑日光利用和控制最优化。这种多学科的团队结构被认为是"典范做法"。

然而，跨学科的方式在现在的建筑工业运作情况下很难实现，因为它需要各方面的高度信任、新型的团队以及新的法律关系。跨学科"认识到询问的价值和作用，而不是试图去压抑和排斥，它使询问者在伦理上成为一个积极参与者"[2]。一个扩充后的团队集中精力研究方案设计过程中出现的难题。这是深层的合作——以一种没有预期到的方式交换想法，实现信息自由。这种合作可以促进探索性工作，以发明新的解决方案，但是考虑到发展和检测新想法所需的时间，这种合作也可能很难实现。为了使跨学科的工作有可能实现，我们必须"结构性地重新思考工业、制度和实践"，并且撇开对于知识产权的苛求——全面的合作将是必要的[3]。

合作越来越倾向于跨学科并且涉及更广的知识面。当我在威廉·麦克多诺及其伙伴事务所咨询的时候，我们经常与科学家、生态学家、规划师甚至是园艺专家讨论可能的建筑表皮设计方法。比如，与一个专门研究环境规划和可持续设计的咨询公司拉纳溪（Rana Creek）举行的一次会议，讨论了从"绿色屏障"实施策略到综合利用植物系统通风并吸收外来热量的方案的可能性。

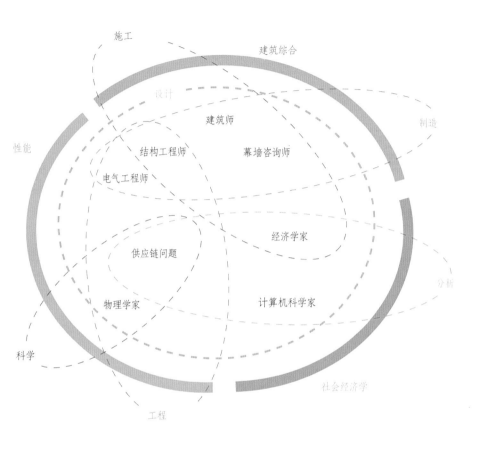

CASE 为了 IC 系统的发展绘制的跨学科团队综合图，显示了跨学科团队工作的流动的属性。
在这里，各种难题通过设计过程中的多种学科交叉将每个人联系在一起

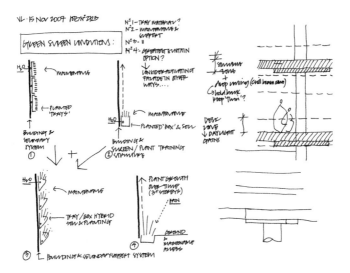

作者与威廉·麦克多诺及其伙伴事务所在拉纳溪会议上讨论绿色屏障方案时绘制的草图

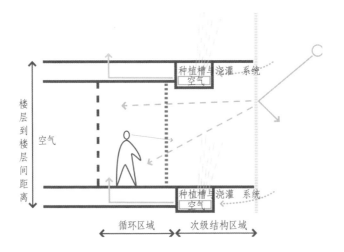

基于作者草图（上图）绘制的绿色墙体策略图，显示了在建筑表皮中通过结合绿色屏障（利用植物进行遮阳的策略）和暴露的西南立面上的空气摄入，来综合遮阳和制冷策略的可能性。进入的空气通过植物根部的区域被吸入，在干热的气候中得到冷却加湿

为了实现设计的综合性，学科与工业之间的合作需要从设计的最早阶段就开始，不容忽视的一点是，合作应包括承包人和制造商。根据建筑合同的形式，项目建造者可以在设计的开始阶段就引入。制造商和承包人可以有"设计助理"的称号，这意味着他们不是等待着根据一套施工文件去完成一个项目，而是在设计过程中早早地参与进来，对设计的整合协调和可行性带来有效的影响。在第三部分所有的案例研究中，相对于传统项目，制造商或多或少地更早参与了设计。

建筑的表皮不只是被动的外立面。它不只是一个物体或墙纸，它需要工程投入，并将形式与性能综合起来，以创造一种超越内外环境的简单思考方式。我们要提出正确的问题，才能应对更广更深的技术应用挑战，并决定什么能同时适合一个项目普遍和特殊的需求。为了跨领域合作达到跨学科的目标，并为建筑表皮创造不同寻常的可能性，首先要有提出问题的能力。

材料与制造

通过综合设计、分析、制造以及围绕数字技术的建造组装，建筑师、工程师和建造者有机会从根本上重新定义概念和产品之间的关系。

——布兰科·科拉莱维奇，《数字时代的建筑：设计与建造》（Branko Kolarevic，*Architecture in the Digital Age: Design and Manufacturing*）

建筑设计方案的实施有多种建造和技术方案的可能性，其中大部分都受到设计以外因素的影响。设计是影响建筑外观的一个基本因素。但是如果你想要在有众多可能的材料的情况下，将设计成功地在场地上建成，你必须考虑装配和技术。然而，在学术背景下对建筑建造的探索常常忽略了很多实用性的考虑。

我为本科生开设的建造课程集中关注基本的建造原则、技术、材料，以及表皮与结构的关系。建造原则应该从审美角度以及应对场地、环境功能等实际问题的角度两方面来审视。这两种角度并不应该像现在的建筑课程中的那样是二元的或对立的，二者都应该是解决问题的整体方法的一部分，应注重的是平衡而不是分歧。我们鼓励学生将他们的设计项目拆解成装配图，表示出材料是如何连接的，而不是只从审美角度进行设计。这个练习使得基于设计语境和过程的综合解决方式成为可能，而不仅是按材料选择和构造策略分析考虑。

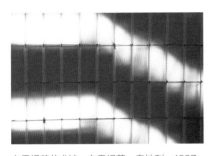 

布雷根茨艺术馆，布雷根茨，奥地利，1997年　瓦尔斯温泉旅馆，格劳宾登，瑞士，1996 年

一个罗马考古遗址的遮蔽物，库尔市，格劳　瓜加仑特鲁格住宅，格劳宾登，瑞士，1994 年
宾登，瑞士，1986 年

这些建筑表皮（均为建筑师彼得·卒姆托设计）满足了建造的实际需求——防水、转移结构
负载、适应天气冷热、易清洗、易建造——但是在形式和材料方面则显示了不同的建筑策略，
这取决于它们不同的环境条件

材料

　　建筑表皮的材料选择和装配系统是被一系列的条件控制的，从环境
到功能，从性能到定位。室内环境控制对机械系统的依赖与数字模型和
制造（CAD/CAM）结合，促成了一种叫做"可视化材料"的方法。它
可以为追求视觉效果自由地使用材料，其复杂有魅力的形式可以被表面

化地创造出来而不考虑其环境性能[1]。这种情况下，材料的确定经常是一个"选择并组合"的过程，而不是在特定语境中基于建筑的形式和性能的最合适的材料和制造技术的综合。

建筑表皮的能量转换由建筑师对材料和装配设计的选择决定，内外环境因素对其也有影响。设计者有责任对材料性质、适宜规格、形式、构造和性能间的综合关系进行精细设计。选择某种材料并不是孤立的操作，而是关系到材料如何组成整体来满足建筑表皮的审美和实用性要求的综合操作。

性能

材料可以分为以下几类：金属、聚合物、陶瓷、有机材料以及复合材料。在某一大类内，材料的性能又可以细分为很多种。例如，不锈钢和铝都被列为抗腐蚀性材料，但是不锈钢的密度是铝密度的 4 倍，拉伸强度是铝的 5 倍[2]。材料科学家、工程师和建筑师用很多不同的方法来给这些性能分类，在建筑表皮设计中，这些分类方法都需要被合理应用。

材料的固有属性，如强度、韧性、导热性、多孔性和化学特性，影响着装配方式或系统组合的方式以及它们在一个已知环境中的性能[3]。与这些性质相关联的是材料更广泛的经济、环境、社会和文化属性，比如材料来源是哪里、材料价钱多少、如何维护、它感觉起来如何、它如何与建筑的环境联系起来、它的性能如何应对气候等。

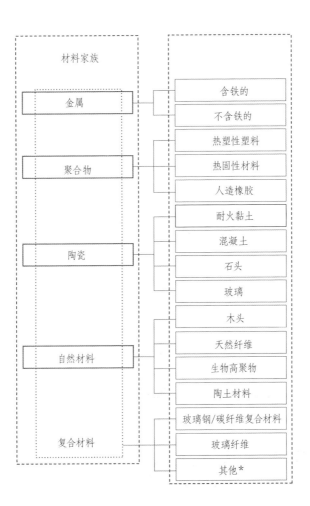

*复合材料包括金属与金属、陶瓷与陶瓷、陶瓷与金属、聚合物与金属的复合以及许多其他类型。玻璃钢、碳纤维复合材料和玻璃纤维都是纤维增强聚合物 (FRP) 的例子。

在建筑建造中常用的材料分类，由麻省理工学院副教授约翰·费尔南德斯授将不同来源的资料集成绘制

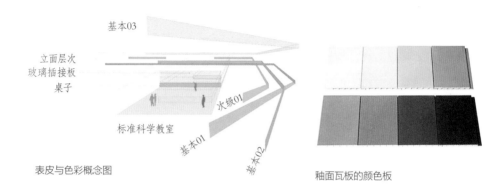

表皮与色彩概念图

釉面瓦板的颜色板

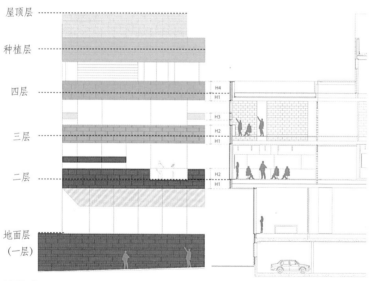

立面细节

北立面，玻璃栏杆的细节

考虑到材料的性能、可建性、外观和环境，阿尔福德－霍尔－莫纳汉－莫里斯建筑事务所选择釉面陶瓦作为威斯敏斯特学校——伦敦一所中学建筑的表皮材料。建筑师想创造一个地标性建筑，并且赋予这个被简陋灰房子和繁忙街道环绕的棘手的内城邻里街区一个积极的身份。绿瓦的色调越接近天空越浅，每一层颜色都与学校内部空间的组织相联系。在地面层，材料足够坚强，可以应对磨损和人为破坏（很难在上面进行标记和涂画），而且损坏的瓦板很容易更换

检测

材料、装配的许多性能特征可以通过数字建模方式进行检测然后加以改进，但最终必须正确建造建筑来满足这些要求。检测建筑建造情况的唯一方式是通过制造实物模型以及在施工时不断到建筑所在地实地检查。性能和视觉上的实物模型是建筑表皮某部分的等比例模型，要用真实的材料制作。无论采用构件式（构件在基地组装）还是单元化面板（使用大尺度的预制单元），建筑表皮都必须防风雨，即防止水渗透到里面，控制空气的渗透和冷凝，并且抵抗风荷载。这些标准中的每一项都有独立机构制定的检测程序，比如美国建筑制造商协会（AAMA），这些检测虽然还不是强制性的法规[4]，但已经成为了行业标准。

IAC 建筑的表皮模型，帕玛斯迪利沙集团 / 盖里建筑事务所，纽约，美国

赫斯特大厦的表皮模型，帕玛斯迪利沙集团 / 福斯特建筑事务所，纽约，美国

世界贸易中心 7 号楼的表皮模型，帕玛斯迪利沙集团 /SOM 建筑设计事务所及詹姆斯·卡彭特设计公司，纽约，美国

犯罪学研究所的表皮模型，施耐德集团 / 埃利斯 - 莫里森建筑事务所，剑桥，英国

形式和制造

新的数字技术和复杂建模方式可以考虑到更多的变量和参数，提供了产生前所未有的建筑形式的能力，比如 SHoP 建筑师事务所的桑树街290 号（290 Mulberry street）项目。最重要的是，我们现在可以模拟评估建筑在一天以至几个季度内的性能。如此一来，设计师便有更大的责任从设计一开始就利用这些可变量的反馈循环设计一个完全综合的建筑。如果在不损害建筑性能的条件下直接与制造商合作，实现设计意图，建筑的综合程度可以得到进一步提高。

建筑信息模型（BIM）——包含时间、空间和技术参数相关信息的三维实时计算机建模——正越来越普遍，使得结构、辅助空间和表皮之间的协调程度得到了提高。它架起了建筑设计、施工和建筑使用之间的桥梁。BIM 信息在一个共享的数据库里得到了强化，可以减少那些由信息孤立应用导致的错误，并且避免那些本来要到施工时才会发现的错误。当设计团队、承包商和制造商在设计的最初阶段有清晰的交流时，项目全周期的工程经济学问题都可以被引入这个过程中，使每一方都参与其中，避免不考虑综合设计语境而单纯的削减成本。

耐久性

建筑表皮的设计寿命比结构的设计寿命要短，但是比建筑室内设备系统的设计寿命要长。要想合理解决建筑表皮材料的寿命和维护问题，建筑师必须创造一个易接近、易维护的立面。在一个建筑的生命周期中，构件和装配件需要修理和替换，其中，硅胶的一般寿命为 35 年，玻璃涂料寿命为 20 年，聚酯粉末涂料寿命为 15 年[5]。耐久性不光有赖于

伯顿广场，英国曼彻斯特的房地产开发项目，由格伦·豪厄尔斯建筑师事务所设计

天气和时间在一个建筑的设计中扮演积极的角色。伯顿广场的表皮包括玻璃和实心、高度隔热的木板。所用的绿柄桑（Iroko）硬木是未经处理的，随着时间推移，老化后其颜色会自然变成银色。除了审美上的简洁和结构性能，这些材料在选择时都考虑到了坚固耐用、维护和使用寿命

材料选择、表面处理、设计质量以及施工，还与维护和易接近性有关。材料和零件如果难以被接近的话就难以得到维护，而一个维护良好的建筑会有更长的生命周期。

对于建筑表皮材料和建造方法的选择要同时结合是诗意的感性与实用性。在满足限制条件、设计参数并且经受气候因素和磨损考验的同时，建筑表皮还要提升人们感受到的室内外空间的质量。这些感知到的空间质量包括材料在光照下的表现、触感以及风化情况。

英国萨福克郡的拉文纳姆，一堵爬满常春藤的墙

在英国萨福克郡的拉文纳姆，风化作用对 17 世纪建造的砖石建筑的影响

西班牙巴塞罗那圣家大教堂门上的肌理与光影

建筑模拟工具

编辑自马特·赫尔曼的文本，马特·赫尔曼是标赫工程顾问公司北美环境性能建模团队的领导者。

气候数据向我们展示了外部环境的参数及范围，建筑室内环境需要应对这种室外条件（见"气候与环境"）。这些数据为找到最佳表皮方案提供了评估的基础，最佳方案应该是与建筑整体的体量、功能和全周期性相结合的。

为了恰当地理解任一地点的数据，需要使气候数据可视化，并且基于此研究如何通过设计将各种分析综合起来。大量的数据如何通过建筑表皮改变室内环境和影响外观的潜在定性？气候特性和物理规律构成了设计方案及其分析的重要基础。

大量的复杂变量影响着建筑表皮的性能，这些变量包括不同部分间的动态作用、热量传递过程、建筑经营管理策略的改变、使用者构成以及气候。这些问题都超越了简单计算的解决范围，它们需要用计算机来处理。电脑设计工具帮助我们模拟建筑对于多种能量流动的反应以及能量与建筑各部分间的相互作用。这些设计工具以及相关的设计过程已经发展为通常所说的"建筑模拟工具"。

影响范围

建筑表皮的一个基本功能是控制能量在室内外环境之间的传递，室内环境需要保持人体舒适水平而室外环境一直在改变。建筑表皮的"影响范围"远超过它自身构件，能量通过表皮的传递也不限于表皮自身的组成材料。在努力减少能源消耗、保持室内舒适的过程中，当我们思考表皮设计的环境性能时，这一点尤为重要。

建筑表皮关系到气候、能源消耗、热舒适度及其对环境的影响，为了响应提高建筑表皮性能的号召，设计师的眼界必须超越最低标准以及设计中的经验法则。建筑模拟工具提供了洞察热、质量和能量传递等隐形领域的方法。

通过建筑表面进行的能量传递有热传递、热对流和热辐射三种方式，其中辐射和对流是强烈影响表皮性能并且能将影响范围显著扩大的两种方式。只有将研究领域拓展到表皮以外，才能准确地理解影响表皮的各种气候与热力学现象。这包括了瞬态导热、表面对流、风、太阳光辐射（长波和短波）、阴影与日照、气流（风、气压和浮力／烟囱效应）、蓄热体、HVAC（采暖、通风与空气调节）系统和控制、室内产热、湿度以及使用者使用情况。

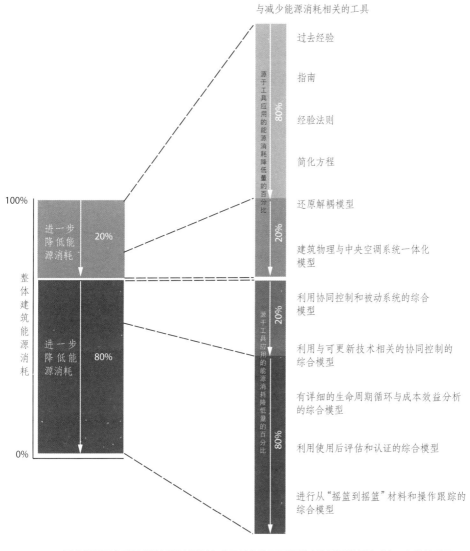

与减少能源消耗相关的工具

过去经验

指南

经验法则

简化方程

还原解耦模型

建筑物理与中央空调系统一体化模型

利用协同控制和被动系统的综合模型

利用与可更新技术相关的协同控制的综合模型

有详细的生命周期循环与成本效益分析的综合模型

利用使用后评估和认证的综合模型

进行从"摇篮到摇篮"材料和操作跟踪的综合模型

图中概述了在建筑设计过程中通过专业工具的使用可能带来的能源消耗的减少。左边显示了大概的范围（20%～80%），右边具体说明了左边粗略范围里的工具应用。通常来说，建筑年能源消耗量的减少可以通过基本的运算确定，比如通用的经验公式或简化的方程，或者是过去的经验和能源手册。这些方式可以带来建筑性能方面20%的能源节约。然而，通过更加充分的分析，比如数据交换、电脑模拟和使用前的循环反馈，设计团队可以更好地理解并减少能源消耗和二氧化碳排放

模型范畴

　　建筑环境模拟涉及代表研究范围内热量传递过程的数学方程式，所研究建筑的独立元素的总量以及相关的计算构成了"模型范畴"。模型范畴包括一系列的变量，如压力、温度、建材特性等，其最初状态由这些变量数据的输入来建立，这些变量数据由设计者设定。模型范畴还需要由表示建筑形体的几何和数学边界来定义。变量和边界外的空间数据必须由模型使用者输入，包括气候、地理空间坐标和燃料类型。

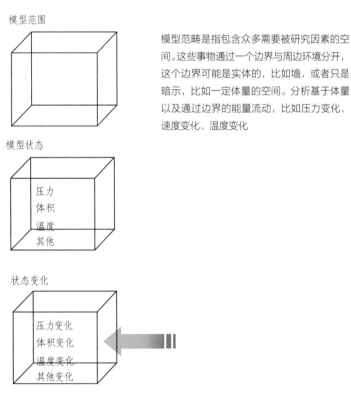

模型范围

模型状态

压力
体积
温度
其他

状态变化

压力变化
体积变化
温度变化
其他变化

模型范畴是指包含众多需要被研究因素的空间。这些事物通过一个边界与周边环境分开，这个边界可能是实体的，比如墙，或者只是暗示，比如一定体量的空间。分析基于体量以及通过边界的能量流动，比如压力变化、速度变化、温度变化

模拟工具

现在的计算引擎和软件工具中已经发展出了三种相关方程组：动力热学模型、计算流体动力学（CFD）和光照模拟。这些工具的发展不只针对表皮，但是它们模拟的物理现象使我们能准确地模拟复杂体量和能量流动、能量与空间的作用，然后进一步模拟表皮的设计。这些工具让我们了解了隐形的物理现象。这些现象体现了建筑表皮性能以及它的设计如何影响使用者及其范围内的构件。

动力热学模型是建筑内外热传递的数学模型。在这个模型中，建筑表皮每个构件的热传导、热对流和热辐射过程被分别模拟，并且与房间得热、空气交换的模型以及 HVAC 系统综合起来。每小时的天气数据为一天乃至几年的时期内提供了模拟所需的输入数据。这个模型每隔单位时间进行一次各种热传递的运算，输出结果往往是表现各个时间段或累积总量的图表。

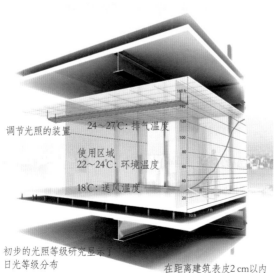

调节光照的装置

24～27℃：排气温度

使用区域
22～24℃：环境温度

18℃：送风温度

标赫工程顾问公司的建筑日光分析评估了光照强度从建筑周边向内部的衰减以及需要的人工照明水平

初步的光照等级研究显示了日光等级分布

在距离建筑表皮2 cm以内光照强度过高（高于538 lx）

—— 人工照明　—— 自然光

当动力热学模型和气流模型无法充分提供所研究物理现象的细节时，就需要选择其他电脑模拟技术来研究表皮的环境性能、影响范围以及相关空间系统。计算流体动力学以及光照模拟经常被用来研究更加精细的环境性能问题。

标赫工程顾问公司的工程师使用 CFD 来研究斯诺赫塔建筑事务所设计的位于沙特阿拉伯的阿卜杜勒阿齐兹国王知识和文化中心的气流模式。场地破坏性的沙漠风暴强大到可以把周围的沙石刮到建筑表面上，这使得工程师进行了一套特定的 CFD 分析。线条显示了风围绕建筑形体的流动，线条的不同颜色显示了风速，其中黄色代表最高的风速

CFD 是流体力学的一个分支，它利用数字手段来预测流体流动，这种方法需要大量的运算。当用于建筑时，考虑到气候、内部产热以及 HVAC 系统的作用，CFD 常被用来研究给定边界的建筑内外的空气流动和热传递过程。CFD 对于气流与热传递的模拟需要大量计算，以至需要几小时甚至几天才能完成。因此，它们在设计过程中应用时往往是取几个时间点，而不像在动力热学模型中那样在一个较长的变化时期内进行计算。极端（最大或最小）的时间和情况（如动力热学模型所定义的那样）往往界定了 CFD 模型的研究范围，使我们能详细了解表皮的精细的热梯度，并模拟通过开口进入邻近区域气流的速率和温度。

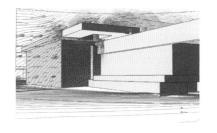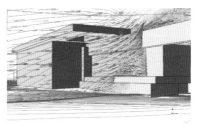

韦斯特莱克·里德·莱斯科斯基建筑事务所的建筑师和标赫公司的工程师使用 CFD 模型分析了俄亥俄州克利夫兰的希尔克雷斯特医院的模式，为了使用者的舒适和安全，医院的入口处采用了将风减弱的策略。下面的两幅图显示了立体视图下对于入口附近风速的研究。而上面的图则显示了平面图角度下同样的研究，但研究的区域围绕基地扩大。从橙色到蓝色显示了风速从低到高的变化

表皮设计中的光照模拟通常解决建筑相关的日光质量与分布问题。光照计算要求关于表面性质和光照来源的详细数据。在表皮设计中，玻璃、室内表面以及罩面材料的性质数据对于模拟结果的质量至关重要。在进行光照模拟的时候，需要理解相关的模型范畴内表现阳光位置与分布的各种天空模型。

读取输出量

模拟工具只是工具，设计师必须知道如何利用模拟结果来帮助解决特定的设计问题。为此，制定结构严密的分析目标是很重要的。应该提前设立一个基准，使输出结果可以与此基准进行比较评价。随着建筑表皮在整个节能减排过程中的地位越来越重要，这个过程也越来越重要。软件（如 Ecotect 和 Radiance）的发展使建筑师和工程师讨论问题的可视性大大提高，并且促成了真实的、有效的循环反馈，尤其是在策划、计划和方案设计阶段。

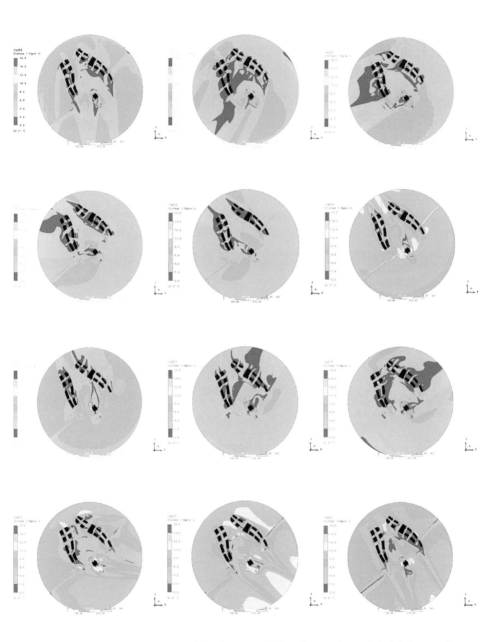

标赫工程顾问公司制作了位于沙特阿拉伯的阿卜杜勒阿齐兹国王知识和文化中心的平面视角的气流研究图。在这些图表中，红色表示了最高的风速，而深蓝色表示了最低的风速

全生命周期分析

　　我们如何给建筑表皮设计注入长期价值？建筑表皮是建造初期花费中的一笔大开销（占建造成本的15％～35％），而且对建筑的性能和使用者有很大影响。当彻底地与结构和系统综合起来的时候，建筑表皮对于提升一个项目的价值有巨大潜力，而并不一定增加成本。

　　生命周期，正如其名字所暗示的那样，考虑到了建筑的整个寿命，而不只是最初的项目建造成本。奥雅纳公司城市策略负责人盖瑞·劳伦斯相信设计师和顾问能给一个项目带来的价值不只是经济上的，还包括舒适、安全和整体空间品质的感受[1]。虽然有时价值确实需要从经济的角度衡量，但是也有许多决定不能用价钱来衡量，比如建筑对环境的整体影响。担负提升价值责任的虽然不只是客户和设计团队，但是责任确实是从这里开始的。建筑设计团队对于设计概要的应对可以决定使用者集体责任的多少。在密闭的建筑物里，使用者没有承担责任的机会，而自然通风的建筑物则需要用户的参与。关于如何使用建筑以达到最佳性能的问题，设计团队需要先与客户就使用者的责任问题进行沟通，继而与建筑管理部门进行沟通。

价值的 5 个参数

　　威宁谢公司，英国国家建造和预算顾问，推荐了关于建筑表皮价值的5个基本参数：目标、性能、可建造性、物资采办和成本[2]。所有5个参数都与客户最初设定的设计纲要有关，下文将对它们进行解释。

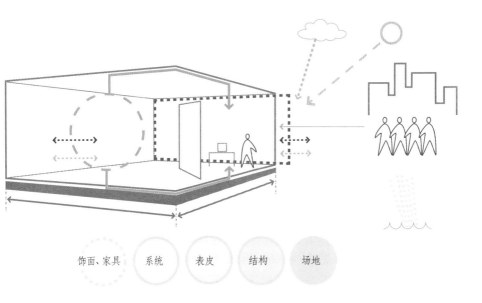

饰面、家具　　系统　　表皮　　结构　　场地

本图由斯图尔特·布兰德所著图书《动态建筑》（*How Buildings Learn*）发展而来，明确了与建筑生命周期相关的因素。场地是建筑最持久的因素，其预期的寿命从 30 到 300 年不等。一个建筑表皮的预期寿命有 20～25 年。服务系统的寿命取决于使用的技术以及它们是如何嵌入建筑构造中的。寿命最短的元素是与房间设计装修相关的。建筑表皮的设计目标、性能、可建造性、物资采办和成本都对建筑的全生命周期价值有一定作用。本图显示了表皮（橙色虚线区域）在这些构件中的中心作用，它与内部服务系统的状况相关（如黄色虚线环和黄色实线箭头所示），与内部装修和空间设计相关，还关系到外部的场地特征，包括语境、位置和气候

　　一个项目的设计目标会列出一些要求（通常由客户确定），诸如面积、建筑功能以及它是否要满足诸如 LEED（Leadership in Energy and Evironmental Design，美国绿色建筑委员会）或 BREEAM（Building Research Establishment Evironmental Assessment Method，英国建筑研究院环境评估方法）的环境参考标准。随着设计团队的进展，这些客户需求将扩展成为项目的建设目标，其中还涉及诸如场地和环境等问题。

　　建筑表皮的性能包括了它应对气候、水、热、光、空气和能量等条件的功能。通常这些方面都由规范控制，但是根据客户和团队的目标，相关性能可以高于规范的要求。每一方面的性能都是与其他方面相联系的，比如空气渗透性与得散热以及冷凝现象相关。最大日光量必须与可能吸收的太阳热量相平衡，以此来减少人工照明的需求，同时不增加制冷的需求。每个与性能相关的问题都对建筑的目标有直接影响。

　　可建造性方面的价值，是指可以利用一些资源有效实现建筑目标和性能要求，并且对制造、运输、安装和维护的程序都进行完善的考虑。比如，如果建筑表皮的一部分是大块玻璃面板，这些面板需要制造、装配、运输和安装，并且要用一种安全有效的方式以最小的干扰进行更换。确保建筑可以在其生命周期内建造、维护和更换是团队的责任。如果一个建筑有 50 年的设计寿命，而建筑表皮只有 25 年寿命，在建筑设计的最初阶段就要考虑表皮的修理和维护方法。

　　建筑表皮的物资采办，主要是指能否在项目预期时间内，以预期的质量购买物资并送达。物资采办有两个关键点，一是要避免单一的材料来源——即可以从很多供应商、制造商、承包商中进行选择；二是要尽早接触所有的表皮材料的来源。建筑表皮需要相对较长的时间来设计、选择材料和建造，所以如果一个设计团队积极地与供应商接触，他们就更有可能得到综合的解决方案。

　　与建筑表皮价值相关的最后一个问题是成本问题。最终所有事情都会有资金成本，这个成本必须符合客户的目标和预算。目标、性能、可建造性、物资采办和成本都是价值的基础，为了实现一个完全综合性的建筑表皮，这些问题必须与建筑的全生命周期相联系。

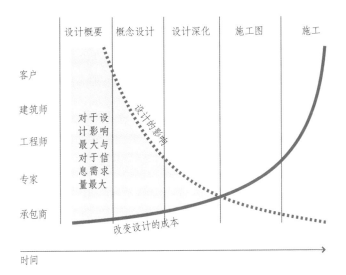

该图显示了传统的采办程序：客户找到建筑师，设计团队成立，成员包括咨询专家、项目投标者、雇佣承包商。图中清晰地表明了与承包商最有成效的谈话是在设计过程的开始阶段进行的，这时信息的最大需求与设计团队的最大影响力相匹配。在之后的建筑设计过程中，改变设计的成本要昂贵许多

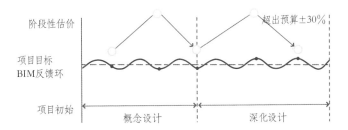

这张图显示了建筑信息模型（BIM）如何促成了设计过程中设计团队成员（可能包括承包商）间的信息循环反馈，使得一个更加综合的设计成为可能。由于 BIM 模型中设计、规范、成本之间的紧密联系，设计师有可能更加频繁地检查成本与预算的关系——在这里表现为从阶段性估计（绿色环）指向项目预算的箭头

全生命周期适应性

把灵活性、功能可变性和环境考虑为建筑全生命周期价值的一部分是很重要的。比如,从建筑的全生命周期来看,在现在嘈杂大街上的建筑表皮上设置可开启的窗户或通风口是有必要的。一方面机械系统所需能源可能会越来越贵,另一方面,未来交通方式的改变可能会显著降低城市地区的噪声。随着科技发展,交通噪声和排放如果在 10 年内就可以减少,而表皮的寿命是 25 年,那么在接下来的 15 年内,窗户就可以打开了,最初进行自然通风的障碍已经随着时间消失了。情况与环境随时间的变化必须被考虑为设计目标的一部分。

生命周期

建筑的预计寿命是影响设计目标的一个重要因素,它决定了建筑表皮所需的持久性。我们可以从资金回收和环境影响两方面思考生命周期问题。生命周期评估(LCA)是一种评估某种产品、程序或服务的环境影响和潜在影响的技术。它首先要编译与能源、材料相关的参数以及环境排放量,然后评估这些设定的参数和排放量潜在的环境作用[3]。生命周期成本分析(LCCA)或说全寿命周期成本分析,是"一种项目评估的经济方法,由于运营、维护以及拆毁一个项目产生的所有成本都被认为有潜在重要性"[4]。生命周期评估和生命周期成本分析虽然有一定联系,但是是不同的。

LCA 和 LCCA 的分析工具都很复杂,但是随着行业标准的不断落实和软件工具的愈加精密,可以进行经济环境成本的比较和基准测试,其分析既可以是关于一个特定设计的,也可以是跨方案的,涉及建筑的建造、维护、替换和循环利用[5]。表皮各部分的相关能量都是可计算的，但是整体考虑相对于单独考虑各组成部分来说前景更好。最终，一个适宜的制造精良的表皮，即使是在距离建筑基地很远的地方制造的，也能有很好的性能（一般认为，当地制造的表皮更好）。简单的投资回报分析有时不足以表现出形式与性能综合的优势。整体的优势必须与目标比较分析，项目的工程经济学是贯穿整个过程中的，而不是项目完成后的一个虚假的分析。

在建筑超过 30 年的寿命中，它的运行和使用的花费几乎和最初的建造花费相同[6]。使用相关的空间品质是主观的、难以测量的，但是经过一段时间，人员花费会比建造花费更多。在一座办公楼里，一年下来，工资花费就是房屋花费（包括租金、抵押、公共设施以及设施管理费用）的 3 倍[7]。为了使一个建筑可持续，它最初的目标必须考虑到使用者日后的舒适度。在建筑表皮方面，还包括室内外的界限如何得到控制和适应以及它所提供的环境品质。建筑表皮设计长期价值的关键在于形式和性能的持久性和适应性。

第二部分
整体分析要素

内外部环境通过一系列层次、循环和系统不断地发生交叠，并不完全由建筑表皮划分。相对于缓解问题，建筑表皮更应该被尽可能地看做一种综合设计的可能，即通过一个设计策略协调统一地应对通气、结构和采光问题。

在过去的100年间，建筑表皮的设计发生了巨大的变化，从庞大的整体变为了一系列层次，且每一层次都有一个明确、实际的功能。除了为建筑提供内外界面之外，这些层次还要注意排水、控制水蒸气、保温和处理空气流通。同时，它们倾向于变得更加轻盈，并且可以在气候需要时采用一个附加的隔热层，而非依靠建筑质量来隔热。

在表皮设计变得复杂多变的同时，质量变轻引发了两个问题，尤其在气候温和时比较突出。第一，质量的减少带来了蓄热能力的降低，所以室内温度通过表皮产生的波动更加迅速，造成空调最大负荷的增加，从而决定了机械系统的尺寸和分配。第二，隔热层的隔热能力容易受连接于其上的构件影响而降低，当结构或次级结构穿透此层时，就很可能从外界向内部（通常）传递热量，在层与层之间形成冷凝水，最终造成腐蚀、干枯和锈蚀。这些问题的解决方法是使用整体设计策略，对于结构、材料、装配和建筑环境问题做出统一的应对。

在教授基本构造课程时，我用以下例子阐明在设计中将实用性和诗意感性结合的重要性：一系列建筑细部（尤其是表皮与地面相接的部分）被展示出来，以传达一个理念——在任何条件下，任一部分技术都是必需的。它们传递和承担上层建筑

（地面以上部分）和下层结构（地面以下部分）的荷载，同时承受和对抗各种形式（气态、液态和固态）的水，并维持内部环境的温度。然而，这些构件组合起来还要承担一个附加功能——在满足使用要求的同时反映使用者的审美需求。这使得房子成为建筑。

在被我定义为"我推你拉"的原则中，好的设计要求在形式和性能方面进行真正的整体分析。所有组件和系统应该统一配合。如果改变技术环节、美学细节或一种元素的"成本"，那么其他所有事物也必须被考虑并在不断的循环反馈中进行反复考虑。建筑的表皮是一个复杂、互相关联的网络，但最好最简洁的设计源自对于表皮各个尺度的正确深入的理解，同时应通过优雅的方式实现。

为了表述清晰，本部分对空气、热、水、材料、天光和能源等要素进行独立说明，但每种元素始终是与其他元素共存的，不可以被孤立地考虑。如果你在"我推你拉"原则的基础上改变了一个设计，没有什么是可以不考虑其他元素而改变的。本部分接下来的内容建立在四个标题的框架下：问题、原则、潜力和可能性。"问题"简单地描述了应该认识到和需要去挑战的现状；"原则"将我们带回与建筑表皮相关的性能和影响的基本事实；"潜力"指明了用小投入或不投入来获得大效益的可能性，以取代"一切照常"的立场；"可能性"则指出当代研究只是冰山一角，而集体创新可以对未来建筑表皮设计产生真正影响。

问题

如果我们要采取正确的整体建筑表皮的设计策略，首先必须克服一些障碍。能够在初期发现这些障碍是非常重要的。不是所有问题都确切地与建筑表皮相关。一些问题可以被明确指出，如材料、配件方式、法律和经济；另一些问题则不那么明确，如美学、轻质和社会期望。一些问题由现状造成，需要系统地检查现行标准；另一些则需要与语境的动态特性进行平衡协调。

原则

将存在的问题重新构想为一种可能性，需要理解其基本原则。在建筑表皮方面，则要求在地区、项目和使用的语境下，关注材料层、配件和系统的相互作用。好的设计要求对原则和细节间不同变量进行最优化和实用性剖析。

潜力

现代立面设计讲求机遇：采用主动处理方式的同时，也不放弃被动的方式[1]。潜力来自纵观全局并发现问题中蕴涵的可能性，而非在零碎片断中寻找解决方案。

可能性

如果我们稍微改变一下看待"元素"这个名词的方法，实际上建筑师要解决的只有一个元素：碳。建筑需要能源，但设计和更新必须使碳的排放量尽量最小化。建筑的表皮必须能够成为有潜力的富有成效的表面（无论从垂直或水平方向）来优化环境控制和性能，以此真正对世界能源做出贡献，而非只是损耗。做出蔑视的姿态或过度消费"可持续"这一议题都是很容易的——这并非一个非此即彼的状况。当然，是环境"黏聚力"将设计过程整合到一起。可持续性只是我们作为设计者和建筑师应当努力的目标，正因如此，在设计的每一步都应对其有所考虑。

可持续性不是建筑的附加属性。对组件、配件和建筑表皮系统的研究可以创造一个改变表皮概念的范式，使其真正满足多功能。以下部分的每一种潜在可能只描述了众多可能途径中的一种。

空气：流动与通风

建筑表面的风和空气运动产生不同压力，使空气穿过缝隙和洞口，有意或无意地形成建筑通风。建筑表皮是通风发生的表面区域，且必须持续防止不正常的空气外泄。这依赖于外界环境、气温和内部空间要求的多变性和动态性。

空气：问题

通常，如果没有正确理解空气运动，建筑师会在建筑剖面图上画出顺畅的、不表现空气流动动态过程的气流箭头。他们在无视外部环境的情况下，假定需要（或不需要）新鲜空气，然后设定一个恒定不变的室内温度。很多建筑采用了风冷系统以维持室内环境稳定性。很多人在盛夏时也会在椅背上放着羊毛衫和夹克，是因为我们知道工作的场所即使在夏天也可能会过冷。而在明媚温和的日子里，那些密闭式窗户也令人沮丧。使用者对室内环境的期望被机械控制的室内环境文化所限定，这是一种人工制造的舒服感。

很多建筑依靠机械化的空调或通风系统来控制空气交换率、湿度和温度，并排出污染物，将稀释后的室内空气与室外空气混合。为了系统效率，建筑往往被密封以防止使用者活动（例如开窗户）造成的系统不平衡。

用来铺设顶篷、墙、地板和装配家具的材料可能严重影响室内空气质量。它们是建筑中最常更换且对室内空气毒性最大的组件。"病态建筑综合征（Sick Building Syndrome，简称 SBS，发生在建筑物中的一种对建筑使用者健康的急性影响，但具体病因、病情无法检测）"

常被归咎于糟糕的室内空气质量，部分问题与供热通风和空气调节系统（HVAC）有关[1]。研究表明，全空调系统建筑的使用者中SBS患者最多。此外，在封闭的建筑中，人体与外部环境失去了接触和联系，对于室内环境的控制也很少或没有。

大多数美国的机械系统采用了风冷系统，供风和循环排气管位于顶棚区域且在建筑外围区域输送冷空气，使其与建筑表皮和内部区域得来的热气相遇。这种方式有一些弊端，它增加了层高（也因此提高了表皮的面积和花销），同时冷空气供应于离使用者最远的地方——顶棚，而不是离使用者近的地面。

简单地增加可开启窗并不一定能解决问题，不正确的开窗朝向、布局规划和尺寸会造成其他问题：通风率（一定空间内每小时的空气交换量）会变得不稳定；气流可能会造成人体不适；噪声污染使人难以集中精力；建筑系统缺乏协调，可能造成能源浪费；内部规划和空间在未来的潜在用途可能会打折扣，因为家具和空间的分隔会阻碍窗户开启并扰乱潜在的穿堂风。

建筑系统致力于用轻质的表皮维持温度，但外墙配件的气密性往往被折损（尤其在开洞结合点处）。通过外表皮泄漏的空气会带走调节温

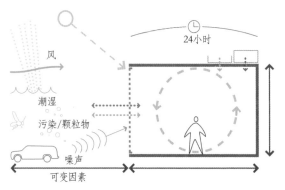

风

潮湿

污染/颗粒物

噪声

可变因素

24小时

上图表现了需要通过表皮解决的与空气相关的问题：外部情况的可变因素，如气候、朝向、周边情况（例如交通）；时间（白天、黑夜、季节）；对室内环境的期望；建筑尺寸（高和深）；程序；系统综合；使用者期望值。我们已习惯于一个由空调提供的稳定的内部环境

湿度后的空气且损耗能量，如此一来，我们其实是加热或冷却了外界。空气泄漏是建筑表皮能量效率低的主要原因。

空气：原则

在建筑表皮设计中，空气主要应该与两个问题相结合进行考虑：以通风为目的的空气交换，墙体间用来阻止热量流失或冷空气外渗的气密层。

内部气流可通过利用热浮力制造压力差得到转换。低密度热空气上升，高密度冷空气被压下来取代了热空气，这也被称为"烟囱效应"。这个基本原则在墙体尺度和建筑整体剖面尺度下可被应用于建筑表皮设计，以利用自然通风。

据此原则，空气总是尝试在压力差中获得平衡，从正压区移动到负压区。在建筑整体的尺度下，风速和朝向也应被考虑在内。建筑的迎风面会受到正压力，但压力并不稳定且与其所处的具体地点和季节性变化有关。如果空气随方向发生变化，则应考虑到通风最坏的情形——建筑的背风面（距压力面最远的一面）。如同建筑表皮的面积、朝向和轮廓一样，建筑的总体高度、邻近建筑和地形也可以显著地改变气流。

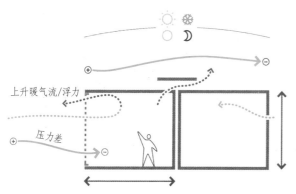

上升暖气流/浮力

压力差

空气的运动由压力差和热浮力决定。气流总是从正压区流向负压区，或从热到冷。通过考虑建筑/空间中的高度、进深、开洞的位置和尺寸、在建筑的垂直表皮（立面）或水平表皮（屋顶）上，这个特性可被应用于建筑表皮和系统整合。考虑应建立在位置、朝向、一天中的时间和季节性温度变化基础之上

在一个双层表皮中，两层材料（往往是玻璃）间的空隙形成一个空气腔，被阳光加热后会产生烟囱效应。两层表皮之间的空气升温时会上升，将冷空气向下拉。这个原则建立在热空气浮力的基础上，适用范围包括一个窗户单元、一整面墙或一个包括中心庭院或天井的建筑剖面，可以用来通过表皮排出空间中的空气和热量。

墙体剖面中的气密性取决于连续性。连续性出现任何故障或断裂都会引起空气压力变化，导致通过配件产生空气通道，并可能带来水蒸气。对于细部的仔细考虑和协调会有助于确保建筑表皮成为一个连续的气密层，尤其是系统之间的部分和高质量构造。构造完成后应立刻检查空气泄漏。在这个测试中，人们用风扇在整个建筑内部增加压力并测量其到达最终平衡所花时间。

谢菲尔德大学展览中心（Jessop West）的外部背景照片

在索布鲁赫－胡顿建筑事务所与 RMJM 建筑事务所于 2008 年共同设计建造于英国谢菲尔德的谢菲尔德大学展览中心里，烟囱效应被应用以完成一个建筑表皮中的空气供取系统，甚至在紧邻嘈杂道路处实现自然通风和开启窗。通过开启窗，摄入的空气被消减以使得噪声在进入室内之前减弱。废气在烟囱效应作用下穿过窗框的气孔，升到烟囱区，最终到达屋顶高度的气孔

展览中心建筑表皮的太阳能风道和窗户的细部照片

窗框气孔的细部照片：烟囱效应使得废气通过气孔在太阳能风道中上升

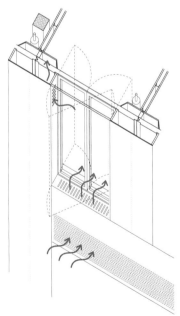

上图显示了谢菲尔德大学展览中心窗户、气孔和太阳能风道的整体性。流入空气（蓝色）由窗户下方的衰减器被引入，到达位于窗户单元内外分界处的气孔，在此或者通过打开的内部窗户进入室内，或者通过烟囱效应将热空气拉上烟囱（红色）

空气：潜力

为了将综合性良好的建筑表皮潜力最大化，建筑师和工程师必须在设计的早期就开始规划和协调。这要求将建筑表皮作为整个建筑通风系统的一个活跃组件考虑，且在设计的开始就与结构策略相协调。

随着机械通风系统的发展，产生了大量"大进深平面"建筑。约100年前，建筑底层层高通常没有这么低，且拥有更大的窗地比以利用天光和横向通风。根据经验，单侧通风适合一个进深 6.1 m 的建筑平面，双侧通风则适合进深 12.2 m。这是在没有核心天井空间的情况下，否则可以有更大的平面进深。

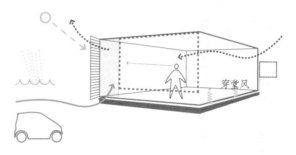

穿堂风

建筑表皮对各种通风策略而言都是一个活跃的组成部分。通过对背景和气候的认真考虑，立面可以将被动式通风的潜力最大化，消除或减少对于机械系统的依赖。随着其他技术的发展，有关噪声和污染的问题可能发生改变。例如，如果下一个十年更多汽车由电力驱动，那么建筑表皮对于城市街道噪声和污染方面的考虑会发生戏剧性的变化

一个居中调节的微型气候区域可以被用来向建筑中引入新鲜冷空气和为使用者提供聚集空间。在高层建筑中这些区域常被叫做"空中花园"，但同样的原则也可以在低层建筑中用到。例如，索布鲁赫－胡顿建筑事务所设计建于德国德绍的联邦环境局大楼，不仅有一个狭长的平面以满足办公室的横向通风，同时还有一个中心庭院作为非机械调节的气候缓冲区。

中央庭院景象，联邦环境局大楼，索布鲁赫－胡顿建筑事务所，德国德绍，2005 年

中央庭院的办公室窗户，联邦环境局大楼，索布鲁赫－胡顿建筑事务所，德国德绍，2005 年

建筑表皮外观和通气孔，联邦环境局大楼，索布鲁赫－胡顿建筑事务所，德国德绍，2005 年

　　系统采用了自然通风与机械通风系统相结合的方法。外界环境宜人时，打开窗户以满足通风需求，空气机械调节只在需要时打开，例如当外界环境过热、过湿或过于吵闹时，或者偶尔有附加热荷载的时候，如在会议区的人比平时要多时使用。这种混合系统可以通过传感提供的信息由建筑管理系统（BMS）控制，或直接由使用者控制。建筑环境中心（CBE）的一个研究组织声称："研究发现当提供个人控制途径时，建筑使用者往往能够适应更大温度范围的室内热环境"[2]。仅在需要时使用机械系统，能量消耗可以大量减少。例如，在美国密苏里州的圣路易斯，大部分建筑是机械调节的，但在全年大约 2 / 3 的时间里，如果建筑表皮设计得当，外部环境很适宜进行自然通风。

　　气流取决于设计要素、位置、一天中的时间和季节等因素。我们期望窗户可以作为天光和空气的来源。基于人直观视觉信息对空气流通进行减弱或重新分配可以使得通过建筑表皮的气流得到更好的控制（如本部分描述的索布鲁赫 – 胡顿建筑事务所设计的建筑）。如要通过开窗对某一空间进行夜间降温，那么建筑表皮就要考虑到昆虫、防雨、安全措施和机器锈蚀等问题。而且它们还要得到正确有效的操作，并要求在基本设计和建造的基础上对建筑使用者进行教育指导。

空气：可能性

　　伦斯勒理工学院 CASE 开发的活性植物修复系统 (APS) 是一种生物机械混合系统，可以改善室内空气质量，同时降低与传统空调系统相关的能源消耗和外部空气污染。APS 通过将常见植物的空气清洁能力扩大200 倍进行运作。其实现方法为在空气再分散到使用空间之前，主动引导建筑中的空气经过植物的根和根状茎，使系统中污染物被滞留和消化在该区域。APS 由最优化的模块组成，这些模块的水培箱里培育了多种植物类型。

由于其模块性，系统是可升级的，它可以被以建筑手法整合进多种建筑尺寸与类型。这个模块是为实现分解和循环而设计的，在低成本、高技术的基础上得以实现，提升了它在多种建筑类型中的适应性和再利用的潜力。

APS 旨在通过主动消除挥发性有机化合物（VOC）、颗粒物和其他室内空气中的生化污染物来显著减少与 SBS 相关联的健康风险，同时在寒冷的季节为采暖的室内增加空气湿度。通过减少吸取新鲜空气的需求，它也显著降低了建筑的整体能源消耗，同时它还减少了与外界城市空气污染物（如臭氧）的接触。

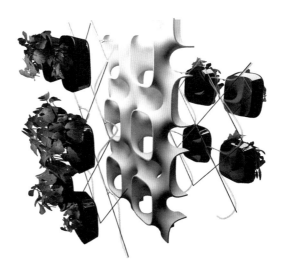

伦斯勒理工学院 CASE 开发的活性植物修复系统 (APS) 示意图，图中显示了其中心空气填充空间和以模块化形式引入的植物材料

热：得热与散热

正如我们的皮肤是身体进行热交换的区域那样，表皮也是建筑进行热交换的区域。在美国的商业建筑中，大约有 50 % 的能量用于冷却和隔热。而建筑表皮性能往往在内部环境系统的运作中不被考虑，没有得到运用。

热：问题

在钢筋混凝土结构的支持下，现代建筑表皮质轻且使用了大量的玻璃。与承重砖石墙相比，单元化幕墙系统的蓄热能力低，只能依赖隔热层和玻璃来防止热流失。

建筑表皮是有缝隙的，可随时与外部环境进行冷空气或热空气的交换，造成能源浪费。未检测到的空气泄露、不连续的气密层是建筑中能

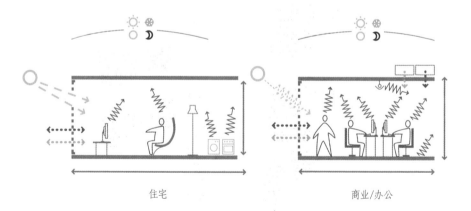

住宅   商业/办公

图中显示了住宅（左）与商业/办公建筑（右）中热量的不同之处。除了建筑建造类型、层高、平面进深等因素，热量与一天中的时间和季节也有关系。然而，办公建筑常拥有更多使用者和家具，从而需要将得热问题（尤其在下午时段）作为首要问题处理

量浪费的主要原因。大量使用不具有专门性能的玻璃会向室内传递太阳热量，而未合理进行细部设计和构造的墙体会将热传导到室外。建筑规范要求满足文本上的具体最低要求，而不需要在现场实地检测。建筑并未被要求通过整体系统使实践性能最大化。

　　建筑对于透明性的渴望与表皮玻璃面积直接相关，但我们并不需要100 % 的玻璃才能获取足够的日光（见"天光：舒适度与控制"），而100 % 的玻璃会给外界的热获取和热流失方面带来重大的挑战。

热：原则

　　热量流动是一种物理过程，能量通过三种机械途径从热区域（包括人体）流向冷区域，分别是辐射、对流和传导。当外面寒冷时，内部热量会尝试通过建筑表皮流到外面，当建筑外部较热时，情况则相反。

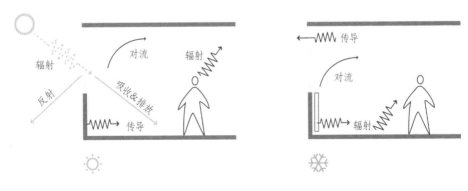

通过建筑表皮进入围合空间的热流随气候、季节、当天温度高低、朝向和太阳光角度发生变化。热能通过辐射、对流和（或）传导从热向冷流动

内部热量获取与室内空间的功能、布置和设备相关，外部热量获取与建筑在地球上的位置（气候和微气候）、太阳强度和建筑周边相关。室内外热量获取和流失的最大值代表了负荷峰值，机械系统的设计值由这个峰值决定。如果荷载可以在时间上分散，负荷峰值便会下降，从而使机械系统的规格降低，最终能源消耗会降低。如果最高值和最低值能被降低或分散，维持建筑舒适水平所需的能量就会减少。

质量会产生热滞留（蓄热和传导热要花费时间），比如，混凝土可以吸收热量并在有温差的时候释放热量。当表面与空间接触时，这种热滞留的原则可以被用来延迟热传递，以降低空间的荷载峰值，或者为整体系统利益将吸收的热量或冷气再次利用。

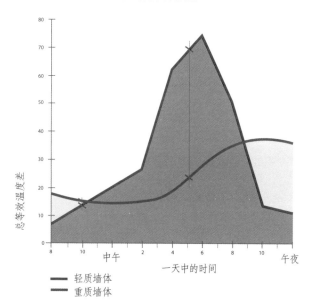

热曲线图。数据来源于美国供暖、制冷和空调工程师协会（ASHRAE），图中显示了在圣路易斯市的西立面上，采用轻质表皮和重质表皮所带来的温度差值。重质墙体的曲线表现了室内的荷载峰值是如何消减的，从而降低了空调设备系统的设计荷载峰值

有捕获层或空气腔的材料可以比密集材料更高效地阻拦热流失。因此，通过装配隔热层可以减少热流失。材料的 U 值是每单位温度的热以传导方式通过元素或组件时的流失率 —— 数值越大，热量流失越多。R 值表现了元素或配件对于热流的阻碍能力 —— 数值越大，阻碍越大（$U=1/R$）[1]。

热：潜力

在任何可能的情况下，建筑朝向都应该最优化，以减少或增加所得的太阳能热量。从得热角度考虑，东西朝向最难控制，因为这时太阳入射角很低且变化值最大。通常，在商业建筑设计中，推荐建筑师尽可能使更多的表皮朝向南北向，但居住建筑由于其功能属性则并不这么严格遵循此规则。早期研究同样应考虑体形系数和建筑质量，一个好的设计在引入日光来降低光荷载时也会控制得热。

建筑表皮与结构和环境系统的整合提供了将结构作为散热片（一种吸热和散热的设备）来吸收获得热量的可能性。更大规模的结构与隔热良好的建筑表皮结合，会在冬季的白天维持和储存热量，然后在夜间将热量辐射到空间中，避免早上房间过冷。

高性能玻璃（低 U 值玻璃）、表皮不透明区域的良好热学性能以及气密层的连续性是建筑表皮能源性能实现最优化的最重要的几点。在建筑调试过程中，空气泄漏试验可以检查气密层总体性能，并指出有问题的地方。

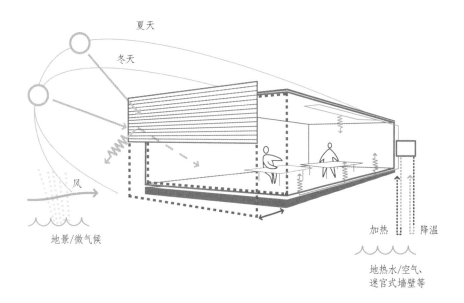

建筑表皮的深度和遮阳设施（如本图中所描绘的建筑系统部分）被用来在最大化利用天光的同时解决或实现可能的太阳能得热。除直接相关系统之外，综合的表皮设计作为一种整体性的方法，可以与冷热转换工程（如地热系统或地下风道冷却系统）、基地的地形、微气候以及室内环境相协调

　　构件的性能需要避免受到冷桥的消极影响。好的隔热层只在没有构件（如金属龙骨）传导冷空气的情况下才能有效隔热。如果隔热层布置在连续的水蒸气／空气密闭层之外，它就不易被建筑结构元素（如支持表皮的整体框架和系统）打断。

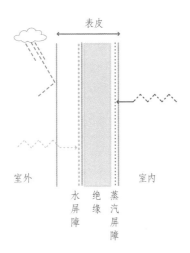

典型墙构件，隔水与隔水蒸气层分离

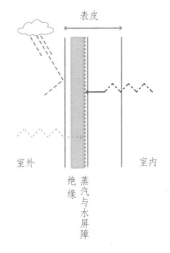

有单独隔热层的墙体，隔水与隔水蒸气层结合

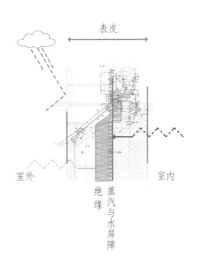

英语学院大楼的窗户单元，由固定玻璃板、上方固定遮阳和由防护百叶保护的侧开通风板构成。每个窗户单元都在砖石（体块或混凝土）墙内。墙体先在外侧设防水隔热层，然后覆盖一层陶瓦雨幕系统

通过引入预制混凝土填充板，埃利斯－莫里森建筑事务所与负责环境工程的标赫公司及负责结构的白鸟公司（Whitbybird）共同设计了英国剑桥大学英语学院大楼的表皮。白天吸收热量，降低内部空间的荷载峰值，再通过夜间自然通风策略清除办公室的多余热量

热：可能性

自然资源缺乏的压力不断增加，全球建筑材料需求和能量消耗的增长迫使建筑产业寻找环保和低能耗的替代材料，先进的生态陶瓷表皮正尝试满足表皮系统的需求。这种表皮系统由大量达到性能标准的材料发展而来[2]，可以区域性地缓和干旱的气候，并通过被动冷却技术将其转化为适宜居住的环境。

先进的生态陶瓷表皮系统由陶瓷单元组成，这些单元通过低技术含量、普通、方便可行的传统冲压制造法制造，这种方法也用于瓷器制版

电脑对于生态陶瓷系统的模拟描绘了组件中的相对热转换

生态陶瓷由陶土发展而来，陶土是一种方便获得、可无限再生为高质陶瓷的材料。陶土由长石和矿物经自然侵蚀产生，成为了地壳的主要部分。为了满足强度和多孔性的要求，生态陶瓷通过自然添加剂和纤维改造了陶土的矿物成分以达到设计标准，同时通过热力学模型和创新设计工具对陶瓷进行优化，从而可以应用图案、纹理、涂层和颜色以实现不同热性能结果和建筑体验。CAD/CAM 程序可精确生成生态陶瓷表皮策略，以满足自遮阳、影响表面气流、热环境的热交换最小化等功能，同时使得室内温度可以保持更好的稳定性。

在先进生态陶瓷表皮系统中，低技的陶瓷制造技术与电脑生成的几何模型相结合。电脑几何模型特别针对太阳季节性的变化和每天的变化进行调整，整合生成复杂的表面图案。

水： 系统与收集

水：问题

　　全球变暖、气候变化、不负责任规划扩增的郊区发展、低效的系统和浪费都对全球面临的供水危机负有责任。可用的地下水是有限的，而表层水资源不足以支持日益增长的需求。此外，可饮用水经常被用于不必要的环境中——如美国环保署印制的一本手册所说："住宅中的用水几乎完全是可饮用水，而其实大约80％的功能并不需要使用可饮用水[1]。"水是有价值的"日用品"，但它常常通过建筑环境中大量不可渗透的表面流失被浪费掉。这种潜在水资源通常通过管道或直接流入江河湖海，而没有循环利用以补充当地水资源。水的引导和滞留常常因操作不善使不完善的市政体系负担过大，而有些地方甚至根本没有市政系统。

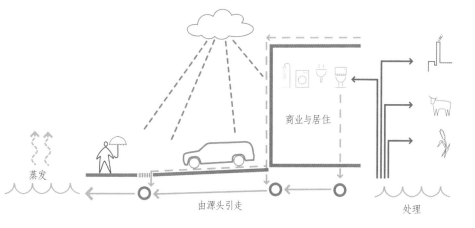

商业与居住

蒸发

由源头引走

处理

由于允许水从大面积不可渗透的建筑表面（包括建筑表皮）流失，雨水收集与区域性利用的潜力常常被舍弃

大量的建筑构造问题与水有一定关系。对建筑表皮构件来说，水可以侵蚀某些构件，引起腐烂和锈蚀。建筑表皮密闭防水试验（表皮外层设防水隔离层以防水）的成功依赖于细部构造和排水构件的设计和质量。如果不成功（这常常发生），水会以雨水、水蒸气或凝聚的方式造成损害。除了小尺度的细部方面，水的问题还应在大尺度的场地和基础设施层面予以解决。

水：原则

降雨与径流（雨水和表层水）有场地特异性，同时也是更大的水循环的一部分，在地上和地下的建筑设计策略中都要被考虑。重要的考虑因素包括纬度、气候、降雨、盛行风、季节变化、地下水位和地理条件。这些因素的信息数据可从如地理信息系统（GIS）和美国地质勘探局（USGS）等处获取。

由于水与大气、地面、有机物和生命有机体的接触互动，因此，即使经观察被认为是"纯净"的水也总是包含可溶矿物质和气体。水影响它接触过的表面和物质，同时也被它们影响[2]。以一个极端的例子——酸雨为例，它的高硫酸含量对石灰石、沙岩和大理石会产生腐蚀作用。

根据温度不同，水通过凝固、融化、汽化、冷凝和升华过程，在固体、液体和气体三种状态之间转换。水通过重力、动量、气压差、表面张力和毛细管作用五种不同的力进行移动，每种力都可以使其穿透建筑表皮构件。为了阻止这种渗透，在建筑表皮设计中要全面考虑这几种力[3]。

对水渗透的阻隔依赖于配件的细部和构造，尤其在两个系统相接的地方，如防水板和外挂板相接处。原则上，水的流动路径必须以某种方

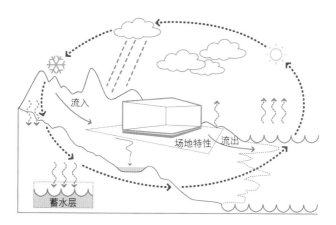

此图中显示了水通过三种物理状态——水蒸气、水和冰／雪形成水循环（宏观尺度）。整个系统作为一个循环连续运行，在三种状态中转换。在这个更大的系统中，具体的场地也是系统的一部分

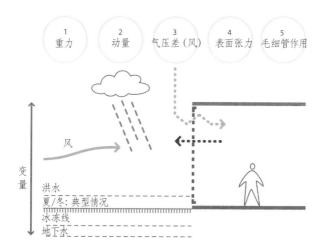

建筑表皮策略是从屋顶到地表（软质／硬质）以至更远的整体表面条件的一部分（微观尺度）。建筑表皮必须遵从一系列与水有关的原则。水平元素方面（特指屋顶和场地）要考虑一系列变化的场地特性：气候、盛行风、雾、洪水和水位高度。垂直构件（特指墙／窗配件和系统）在水的运动上会从五个方面被影响：重力、动量、气压差、表面张力和毛细管作用

式明确和实现——通过下水道、压力平衡区域、连续屏障或密封条，然后在整个生命周期中据此进行建造和维持。

建筑表皮主要以三种方式进行防水设计：表面封闭系统，在穿透之前将全部水阻拦，是第一道防线；水管理系统，允许部分水通过第一道防线然后直接流出（例如空心墙结构）；压力平衡系统（例如雨幕系统），系统中表皮第一层和第二层之间的压力差可以阻止水进一步深入建筑。

水渗透需要从由外而内和由内而外两方面考虑。空气中的水（气体或液体形式）通过室内活动如呼吸、清洗和烹饪产生，如果其被允许进入墙体却无法排出，水便会在墙体处发生凝结，引发侵蚀、腐蚀和锈蚀。如果在配件中将水蒸气密闭层和空气密闭层结合起来，则更容易建立连续的保护层。

水：潜力

基础设施、景观和建筑的一体化对于水的控制、保留和再利用至关重要。通过在场地内部控制水，可以减少污染和流失，并补给地下水。同时，还可以为建筑使用者提供便利和舒适，为动植物提供栖息地。

建筑表皮是完整的建筑表面条件的一部分，这个完整的表面包括从屋顶到地表（软质／硬质）以至其他。根据项目的具体背景和位置，针对水采取的策略不同。如在美国亚利桑那州这样的干燥地区，水分缺乏，应优先考虑水的收集和再利用；而在吉隆坡等湿润地区，解决潮湿和排水问题是最重要的。

水在适应场地条件和气候方面可以起到积极作用。靠近建筑的水体可以作为蓄热设施来影响建筑周边的微气候，季节交替性地储存能量，

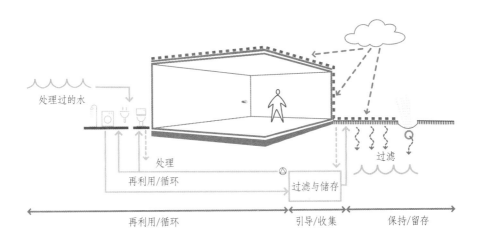

建筑表皮必须被作为连续和可变表面条件（图中以一条橙色虚线表示）的一部分来考虑，其可以收集水或导流以实现再利用 / 循环。图中建筑表皮被放在一个更大范围的水系统策略中，表面水经由过滤和储存（此处表示为地下的储存罐）后用于室内设施。相对于饮用水而言，循环废水可用于室内需要，如厕所下水和植物灌溉。种有植物的沼泽地，即图中绿色部分，实现了雨水的过滤和澄清，使其可以被建筑使用，同时提供了生态栖息地，作为直接排水的替换方案

或者像芦苇地和调节湖一样，成为场地水管理系统的一部分。在空气进入建筑前，水蒸发可以产生冷却效果，通过降低空气温度提高室内舒适度。

　　25.4 mm 的降雨量可以为约 2.6 km^2 的屋顶提供约 2.3 m^3 径流[4]。与依赖下水管道系统相比，在建筑表皮水平和垂直方向植入渗透和过滤集水功能（如绿色或棕色屋顶）的做法拥有巨大的潜力。在建筑的垂直表面上，潜在集流区域（捕获水径流的区域）的比例较低，其依靠表皮轮廓、降雨和导向风而定，但其仍应被算做整体集水系统的一部分。建筑表面上雨水的收集和在地段上的再利用可以减少暴雨径流，但这要求其成本费用相对较低。收集系统会确定集流区域、针对此区域的运输方

式（通过重力）、储存系统（可选）、水处理系统（可选）和将水运输到使用终端的途径（重力或泵）[5]。尽管只有少量雨水落在建筑的垂直表面上，但上述几点都应与建筑表皮设计直接协调，同时也被其制衡，以便水的相关问题直接在场地上得以解决。

可持续排水系统（SUDS），是一种管道排水系统的替代方案，它模拟了自然排水过程在存储、缓慢传送和体积减少方面的特征[6]。SUDS 的每个考虑都与场地特性相关，同时也取决于土壤类型、水流分界线的位置和地方法规。SUDS 致力于减少建筑排水的径流率和其体积，同时进行水处理，以尽可能地去除附近污染物的影响。SUDS 策略可以采用多种技术，如绿色屋顶、可渗透铺地和澄清池。

水：可能性

对于干热地区的水体修复和舒适度调节来说，进行水循环净化和热控制的太阳能建筑表皮系统是建筑一体化的太阳能利用策略[7]。建筑植入了可调整的立面系统，以实现利用太阳热能对水进行加热杀菌处理、提供热水以满足建筑中的多种中水需求的功能，显著地降低了建筑对于水和热能供应的需求。

被动的、非跟踪性（如固定的）系统是一个装配组件，由可最大程度吸收太阳能的透明玻璃体块组成，其形态得以优化以便在流过体块的水面上聚集太阳能。体块内的管道使处理后的中水循环流通，并活跃地传导热能。在此基础上将水引向热交换器，可得到可饮用热水，引向其他设施则可得到中水。

通过保护场地内水体、进行水循环净化和热控制，太阳能表皮系统在提供了立面系统的同时，显著降低了建筑对水和能源的需求。

材料会因温度和湿度膨胀或收缩而发生位移，由于静荷载和附加荷载（如风吸力和压力）发生变形，偏差的形成同样与基础和构造过程相关。例如，根据建造地点不同，一个混凝土结构的偏差值可在 0~12.7 mm 间变化，这意味着在特定情况下它可以在 0~25.4 mm 范围内变化，累积起来，还可以更多。从稳定性、安全、空气泄漏、防火防水的角度出发，建筑表皮系统需要考虑到这些偏差。

公差并不在每张平面或剖面中画出，而是在施工图附带的说明文件中加以说明。数字模型可以说明公差，但本质上我们仍然会在施工文件中单独说明公差，无论是为了一个次级配件还是为了一个单独的组件。在设计过程中尽早地进行建模、测试、与工程师和承包商协商，有助于找出建筑中偏差较大的区域，以便在施工前通过设计避免或减轻问题。

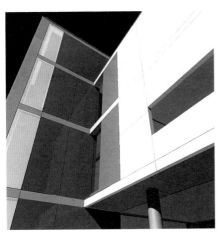 

由埃利斯－莫里森建筑事务所设计的犯罪学学院的这个转角交接，制作了三维模型（左），并由覆层承包商（施耐德集团）检验过，在设计发展过程中，完全协调设计意图、性能和可建造性。右图显示了建成的转角交接

随着可控的工厂环境中预制程度的增加，在建筑表皮配件中获得更小的误差成为可能。一个经过材料供应商、次级承包者和现场检测等多重质量检查的产品，常常比工业标准要求的质量高得多[4]。

在一个为利夫舒茨－戴维森－桑迪兰兹建筑事务所设计的大楼制造单元化覆盖板的工厂中等待组装的预制铝覆层组件

预制混凝土覆层组件制造于比利时，组装于波兰，为埃利斯－莫里森建筑事务所设计的犯罪学学院装配成组合覆板

材料：潜力

建筑表皮设计（和建筑整体）最终会与生产再次联系起来。建筑围护系统最初的建造造价和日后的运转花费是一笔很大的费用，需要考虑到设计、生产、装配、使用和分解全过程中的每一步。数字技术，如建筑信息模型（BIM），提供了可以让设计者、工业界（供应商和制造商）、安装者和设施管理者之间对话的工具。

参与设计过程的制造商和承包商不仅建设性地促进了关于可建造性的讨论，也带来了供应体系的知识。从可持续角度来说，这是在没有传统的详细的契约责任下，将材料来源与设计团队再连接的方式。

在《实践中的可建设性》（*Buildability in Practice*）一书中，作者伊思·弗格森（Ian Gerguson）说"可建性是关于……将配件和次级配件组装到一起，这种装配往往是在全年各季节和坏天气中，在手冻僵、腿深陷泥淖中的时候进行"以及"虽然有预制产业的发展，但基地现场工作总会是建筑实践的一部分"[5]。这是事实，但是电脑辅助设计和制造（CAD/CAM）的发展使更多的在场外制造和装配表皮配件成为可能。自动化制造实现了更复杂的装配和专门化的单元系统的整合，在工厂的可控环境中以更高效的方式进行了建造。

　　系统和建筑表皮材料的应用必须适合设计语境，同时，材料科学在复合材料、表面涂层和薄膜方面的发展使得专门化的材料更能满足性能要求。保罗·J·唐纳利教授和他在圣路易斯华盛顿大学的团队，全面研究了相变材料（PCMs）作为建筑表皮一部分时的作用与性能[6]。PCMs在从液体向固体转换时，对能量进行储存和释放，反之亦然。由于其热舒适特性，它们被应用于衣服和工业设计，但由于价格和适用性的限制，它们在建筑市场发展缓慢。通过"吸收"内部空间多余的热量，PCMs可以在控制太阳能得热方面起到作用，蓄热并延缓释放以营造舒适环境、降低系统负荷峰值，并可以在后期需要的时候利用热能。通过应用于建筑表皮配件或内部墙体构造中，这种材料可以同时满足美学和舒适性两方面要求。

材料：可能性

　　伦斯勒理工学院建筑科学与生态中心（CASE）的一个团队正在研究将农业废料椰子壳发展为结构材料的可行性，椰子壳可被研磨制造成多种适宜湿热气候的廉价建筑产品。

　　椰壳板有望成为进口木材产品的可行且高性能的替代品，尤其是在热带。在工业生产中，椰子壳产品可被改造并应用于建筑材料中[7]。椰壳中的固有木质素高聚物，免除了高性能覆盖板对于合成粘结剂的需求。

当椰子壳被制造为干燥板时，它可以吸收水蒸气，营造一个更干燥、更舒适的内部环境。该团队提出的建筑设计原型将椰壳板与被动冷却策略相结合，提供更舒适的环境，具有可应用于多种建筑类型的减少能源消耗的潜力。

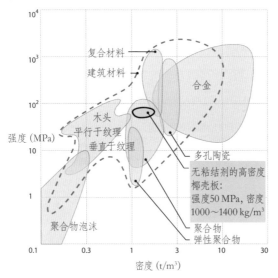

将没有加粘结剂的、高密度的椰壳板与其他材料的性质数据做比较时，发现其强度相当或超过了大部分建筑木产品

椰子壳，椰壳板的原材料

由 CASE 团队研发的椰壳板，其由农业废料制造，可以被制造成不同的尺度和形态

天光：舒适度与控制

天光是指由阳光产生的某个空间的照明度，天光不是可以单纯由数值和测量解决的问题。几十年的研究表明，与天光的接触增加了我们的快乐、舒适感和生产效率，这是因为我们是重视视觉感受的生物。建筑表皮提供了天光的通道，伴随着波动、方向、颜色和阴影，同时也作为景观，以及内部环境与外界的连接[1]。

天光：问题

出于对大进深建筑和最大化建筑面积的需求，随着人工光照系统的发展和空调的普及，平面与表皮的比例逐渐增大。因此，天光不再被以最大效率应用于室内空间照明。通常，大面积、朝向不佳和无遮阳的玻璃窗会将建筑内部直接暴露于阳光下，从而影响使用者的舒适度。百叶窗可以减少通过窗户进入的强光，但这样需要以室内灯光补偿损失的天光，造成了能源消耗。

利用天光的基本难题在于当太阳高度角较高的时候（夏至日附近）阳光也总是最热。我们希望得到光，但不要热。当太阳高度角较低的时候（冬至日附近），我们想要光和热，但不要由低太阳高度角产生的眩光。

需要的光照等级建立在最糟糕的情形（全阴天）下，与空间的整体光照水平相关而非基于建筑使用者的感知、视觉需求或环境。光照级别通常以水平面（如桌子）上的读写活动为基础进行测量。然而，现在的办公室工作与布置普遍与个人电脑的使用有关，其界面为平整、垂直的屏幕。

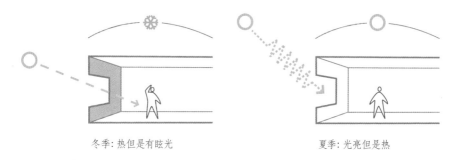

冬季：热但是有眩光   夏季：光亮但是热

天光的问题

天光：原则

太阳的角度和轨迹与建筑所处位置和环境有关，而它们都是持续变化的。天光和阳光直接或间接（通过建筑附加构件的反射或建筑表皮的表面）地被传递到室内，这种传递不仅受地理位置影响，也与周边环境（建筑遮阳、水体、植被等）或周围建筑表皮有关。

光照通常用尺烛光（fc）或勒克斯（lx）等级来测量，但由于天光的等级通常并不连续，"日光系数"就成为评判光照等级的标准。日光系数（DF）用以测量室内天光的效率，其在普通阴天时或窗户不干净的条件下，以室内照明和室外之间的百分率计算。DF 值为 2% ~ 5% 时被认为是"光和热之间的良好平衡"[2]。如果建筑的 DF 值大于 5%，通过玻璃区域产生的夏天的得热和冬天的失热就会造成麻烦。

得热和光照需要根据室内使用者的舒适度进行考虑，这可由阳光得热系数（SHGC）和可见光透过率（VLT）分别测得。SHGC 显示了一块玻璃区域阻挡太阳热量的能力——测量值从 0 到 1。值越高，代表会有越多的热量从玻璃中被传递过去[3]。VLT 是穿过玻璃系统的可见光占光总量的百分比。低可见光透过率使得室内较暗，使我们的"时间感

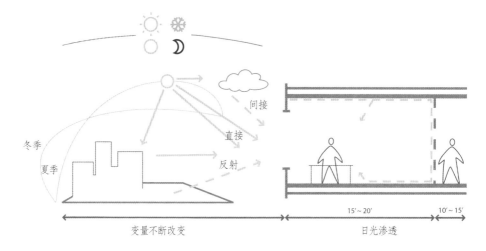

冬季

夏季

间接

直接

反射

变量不断改变

日光渗透

15′~20′ 10′~15′

此图中表示了天光和直射太阳光进入室内空间的方法。由于光照随着日期、季节、云层情况，以及周边环境（如周围建筑或植物）而不断改变，我们采用日光系数来计算利用日光进行各种活动的有效性。朝向和平面高长比和太阳高度角同样对天光入射透能力有着关键的作用

受到……扭曲和意料外的数据的影响"——换句话说，低可见光透过率会影响我们的舒适程度[4]。

　　根据所处地区不同，有时得热是受欢迎的。在更凉爽的环境中，窗户或墙体中玻璃的热性能（由 U 值测定）变得更加关键，因为天光与建筑中热流失的比率非常重要。季节性循环、地理位置和温度一样需要被考虑，大陆性气候同时包括寒冷的冬季和炎热（同时可能是潮湿）的夏季。

　　天光并非越多越好，反射和反差对于房间的视觉舒适性有显著的影响。如果空间中的光照等级变化得过于极端，我们的眼睛没有足够的时间来适应，那我们对亮和暗的观念会产生变化。举例说明，如果我们从灯火通明的空间进入天光照明的低光照明等级的房间，我们可能会认为天光照明的空间过暗，即使事实上其光照等级对于空间的功能和需求是

适宜的。在表皮表面上，如果窗户和围墙之间产生明显的光度强度差异，窗户处产生的眩光会带来不适。内部、外部、边界区域的光照等级应该根据其功能、环境、使用方面的要求进行考虑。

　　天光照明不是设计窗户或透明表皮时唯一需要关注的，视线与外界的联系同样在空间的质量和感知中扮演重要的角色。只要没有不适，太阳光就是受人欢迎的。西向办公室中的人可能由于眩光和受到正午阳光直射得热而感到不适，但同样的效果对于一个居住单元可能是很令人愉快的。设计中的思考应建立在理解建筑内活动的基础上，如内在空间的主要功能是什么、随着时间流逝它会发生怎样的变化。

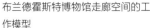

布兰德霍斯特博物馆走廊空间的工作模型　　布兰德霍斯特博物馆建成的天光走廊

在德国慕尼黑的布兰德霍斯特博物馆设计中，索布鲁赫－胡顿建筑事务所的建筑师们将天光作为美术馆照明布置中的关键部分。横向的美术馆（净高大约 7 m）部分是由一侧的一个大窗户照亮的。这为雕塑等三维立体的展品提供了理想的环境，同时也创造了与街道的直接视觉联系。在博物馆的其他展览区域，明亮的日光（夏季可达到 100 000 lx）通过窗户前面的百叶过滤，衰减到适合美术馆的光照水平（约 300 lx）。透明织物的顶棚提供了分布均匀的自然光并且减弱了不同照明强度间的强烈差异

天光：潜力

通过表皮合理利用天光会增加使用者的舒适等级，并减少人工光照的强度、峰值荷载和能量消耗。然而，这并不是要求建造一个全透明的建筑表皮，当墙体面积的 25 % ~ 30 %（地面面积的 10 % ~ 20 %）为玻璃时，大部分商业和居住建筑就足以获得好的天光等级[5]。根据经验，天光会射入建筑进深达 4.6 ~ 6.1 m，在此基础上为 3 ~ 4.6 m 的进深提供足够亮度。遮光板和反射器可以协助将天光的潜力发挥到最大，将天光投射得更均匀、更远。例如，一个布置合理的遮光板可以协助阻止透明玻璃下部的阳光得热，同时通过透明玻璃上部将光反射进入建筑内部——将光反射在顶棚上，提供一个更扩散的"上方灯光"。

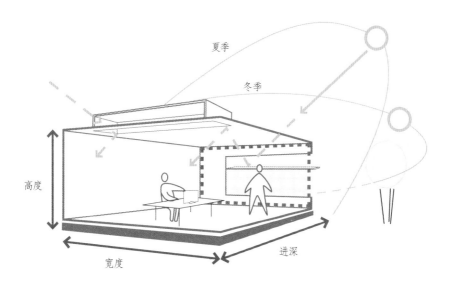

建筑表皮、设备和形式的整合设计对于提供良好的自然光至关重要。在一个有效的设计中，要在设计早期确定对于漫射自然光的调整策略（比如通过遮阳板），并且要了解潜在的可能光照（直接、间接和反射光）

　　遮阳通常布置在商业建筑的西、南立面，根据地理位置有时也布置在北立面上，以避免眩光和多余得热（在北半球）带来的不适。当在表皮玻璃外侧时遮阳最为有效，其原则为：尽早地阻止阳光进入建筑会保证得热产生的影响最小。

　　人工照明是消耗能源的主要方面。入射的天光与人工照明间的控制和协调，必须从类型、布局、转换操作和对于建筑管理系统（BMS）的改变等方面整合入建筑表皮策略。

天光：可能性

　　设计师查克·霍伯曼在霍伯曼联合事务所的工作基于活动、性能、行为和变化。公司设计的折叠结构系统由很多相连的部分组成，可以实现连续的三维变化。结构整体通过关键几何特征得以维持，即使在尺度和形状激烈变形时也保持不变。霍伯曼联合事务所的工作与基于设计背景和要求的"关系"相关[6]。

　　公司与福斯特建筑事务所在马德里的新上诉法院项目中进行协作，创造了一个动态的表面结构，它将得到的多余太阳能热量最小化，同时允许自然天光进入建筑。作为建筑环境策略的关键部分，霍伯曼联合事务所根据合同要求设计了多种定制的遮阳系统。这些遮阳单元受到了阳光通过树叶产生的光斑的启发，布置在法庭的中心环形天井和八个外围天井中。阴影形状为六边形，与屋顶斜肋构架相匹配。它们由一系列穿孔金属板组成，与轴臂连接，可以侧向移动或收缩为薄薄的一捆，在视线上与屋顶结构相协调。

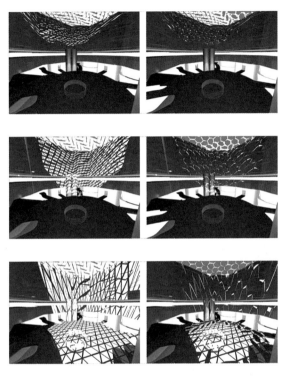

太阳能遮阳研究模型，用来在霍伯曼系统建造前测试这个系统的效果。左边一列的三个研究表现了在遮阳板完全收缩时一天当中的光照条件。右边一列的研究表现了在以下时间点遮阳板部分伸展后的结果，从上到下为：3月上午8点、4月上午10点和6月的正午

霍伯曼设计的线性遮阳系统的模型，左边完全张开，右边完全收缩

遮阳单元通过一个运算法则控制，这个运算法则结合了太阳能的历史数据与当前的光照等级数据。遮阳单元的变形将与BMS整合用以与大量建筑元素协同，如人工光照控制和冷却系统。

由铝和铁制造的每个单元都由定制芯片控制的电动机驱动。当电动机被激活时，单元延伸出去形成一个连续的、由一系列面板组成的表面，这些面板可由不同材料组成，包括金属、塑料和木材。这个线性系统可以设计为非直角形状，并可在非垂直方向上安装，以顺畅可控的动作回应天光随地段和季节不同而产生的连续变化。

如法院的渲染图中所示，霍伯曼遮阳系统阻止了直射光直接穿透室内办公室的玻璃墙，同时将可进入中间天井的阳光最大化

能量：最小化与最大化

在美国，每年减少 10 % 可饮用水的需求，可以节约 3000 亿千瓦时能量……通过雨水回收系统减少对于水的需求就节约了能源。

——克里斯托弗·克劳斯（Christopher Kloss）

能量：问题

人类消耗化石燃料释放的二氧化碳加剧了全球变暖。美国将近一半（48 %）的年度能量消耗和碳元素释放与建筑能源使用相关，发电厂发电的 76 % 专门用于建筑供电：加热、降温、照明、烧水和插座荷载（需要插入电源插座来运行电器的用电）[1]。这些功能大部分要受建筑表皮情况的影响。

人们越来越关注与能量使用和碳元素释放相关的数据，但是这些数据通常是在缺乏背景信息和未考虑人们拥有并利用空间的真实方式的情况下测量的。与城市高层相比，低层办公楼的单位面积能量消耗可能更少，但人均消耗更多。建筑师和能量专家米歇尔·阿丁顿对其做出了解释，他写道"通常每平方英尺中，高层建筑的使用者为低层建筑的两倍以上""传统高层建筑中比传统低层建筑中每人少用50 % ~ 70 %能量[2]"。能量效率通过 kWh/（m² · a）表现，与物理空间相关，但与居住状态无关。能源数据统计、建筑类型间的能源使用比较和使用者对于他们消耗的能源的认识，通常很难相互关联起来。

　　玻璃商业建筑中，高导热性玻璃的面积一般远大于获得舒适光照等级所需要的百分比。人们对于大面积玻璃表皮的喜爱直接与抑制相关能源消耗的需求相矛盾。同样，没有通过表皮设计合理利用天光的建筑在人工光照上也浪费了能量。

　　建筑物能源和全生命周期的测量通常只考虑单独材料或组件，而不考虑整体的组装配件和系统，如建筑表皮及其长期性能。

能量：原则

　　尽管方式不同，建筑表皮性能在商业和居住项目中都是能量消耗的关键。住宅通常有更大的体形系数，意味着它们在加热、降温上的能量消耗更大，在照明和插座载荷上消耗较小[3]。另一方面，商业建筑通常体形系数较小，使得它们产生比住房更多的照明能量消耗成为必然。此外，由于更大的使用强度，商业建筑的插座荷载远高于居住建筑[4]。

　　与建筑相关的能量需要从以下两个角度考虑：材料在建造中的建筑物化能，包括在其生命周期中维持、修复和替换过程中再现的建筑物化能；建筑运转所需能量与这些能量使用后的碳元素排放问题[5]。前者与建筑制造有关，后者与建筑使用有关。

　　在传统办公建筑中，大约26％的建筑物化能（原材料的探测、处理、制造、运输和建造）与表皮相关。建筑使用时间越长，重新出现的建筑物化能越多。然而，一个传统办公建筑在其50年生命周期中，运转使用的能量为总建筑能量的85％，随着建筑变旧，其运转所需花费增加，因为其构造会随着时间老化或损坏[6]。

建筑能量消耗的减少，关系到资本和业务成本，需要以如下顺序解决：提高系统效率并降低荷载；引入被动策略，如利用体量、材料特性和太阳能；最后采用主动策略系统，如光伏板。这个顺序的确定基于投资回报，第一个措施如果在设计早期实施是最简单且费用最少的。

可以利用测试评估二氧化碳排放量和能源效率，也可以将能量消耗与基准标准做对比。通过测量和使用后评估，可以了解到使用者是何时、怎样使用能的。例如，建筑中使用最多的能量为电能[7]，电能测量数据通常登记的是总量，无法区分其中光照用电、降温用电和插座荷载（如电脑、灯、风扇和小型供暖器）的所占的比例。次级测量可以将"程序"荷载（如外挂式电脑）与"建筑"荷载（运行建筑系统所需能量）区分开，同时可以辨别增长的荷载峰值和一定时期内的（全天的或全年的）能源使用量。由此，设计者和建筑使用者可以具体地评估能源是如何用掉的。

LEED 和 BREEAM 是关于建筑表皮环境性能检测标准的两个例子。LEED 对建筑表皮系统和能量优化系统进行评分，并作为建筑整体评价的一部分出现。它需要使用电脑模型来评价性能，并选出性价比最高的能量策略。能量性能必须与基准标准比较，如美国采暖、制冷与空调工程师学会（ASHRAE）发布的标准 90.1。基准标准的建立满足建筑规范和法律要求，并与当下的 ASHRAE 标准相关。

能量：可能性

建筑与大量的能量消耗相关，因此，它们是影响能源解决途径的一个很重要的方面。任何建筑方面的变化都会对世界能源产生影响。通过根本但不复杂的改变，有可能大量减少能源消耗和碳排放。麦肯锡咨询公司在减少温室气体（GHG）方面的研究表明，与1990年相比，2030年的GHG排放有可能减少35%。如果居民行为改变的话，如使用者对于环境更负责，那么其减幅可能会更大。103页的图显示了研究中与建筑直接相关的部分。

缓解能源问题的方式主要可分为四类：提高能量使用效率、低碳能源供应、利用陆地碳和行为改变。从建筑表皮性能的方面考虑，能量利用效率与气密性和隔热性能直接相关，在不降低设计标准的情况下也可以达到能源效率最大化。

为了解决建筑的能量效率问题，建筑周边的小范围环境——包括场地遮阳、绿化、朝向和盛行风——需要被优先考虑。在与窗户比例和遮阳策略合理结合之后，被动冷却和自然通风系统可以明显降低住宅和商业建筑对于机械设备的需求。乔尔·拉夫兰教授，华盛顿大学更好的砖（Better Bricks）集成设计实验室主任，采光设计专家，他指出，"建筑如果利用被漫射遮挡处理过的天光对主要空间进行照明，那么它对于电灯的需求和制冷负载峰值会下降，用电量可以减少40%以上[8]。"考虑到光照占总体能量消耗的20%～25%，在商业建筑中甚至高达30%～40%，利用天光减少碳元素排放和污染的巨大潜力就不难理解了[9]。办公时间与有日照的时间重合，自然照明降低了电力荷载，而且允许建筑使用者自行控制照明，对于使用者的满意度也做出了明显的贡献。

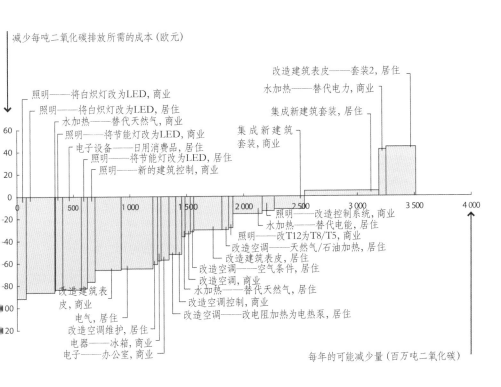

减少每吨二氧化碳排放所需的成本 (欧元)

照明——将白炽灯改为LED, 商业
照明——将白炽灯改为LED, 居住
水加热——替代天然气, 商业
照明——将节能灯改为LED, 商业
电子设备——日用消费品, 居住
照明——将节能灯改为LED, 居住
照明——新的建筑控制, 商业

改造建筑表皮——套装2, 居住
水加热——替代电力, 商业
集成新建筑套装, 居住
集成新建筑套装, 商业

照明——改造控制系统, 商业
水加热——替代电能, 居住
照明——改T12为T8/T5, 商业
改造空调——天然气/石油加热, 居住
改造建筑表皮, 居住
改造空调——空气条件, 居住
水加热——替代天然气, 居住
改造空调控制, 商业
改造空调——改电阻加热为电热泵, 居住

改造建筑表皮, 商业
电气, 居住
改造空调维护, 居住
电器——冰箱, 商业
电子——办公室, 商业

每年的可能减少量 (百万吨二氧化碳)

麦肯锡咨询公司绘制的温室气体减排成本曲线图为讨论哪些行动在减排方面最有效, 以及这些行动的成本是多少提供了一个定量基础。此图显示了与建筑——主要是与建筑表皮相关的减少碳排放的措施: 隔热、气密性、被动太阳能利用和光照。纵轴测量了在欧洲用同样手段每减少一吨二氧化碳释放时的费用, 横轴以百万吨二氧化碳每年为单位, 显示了这种手段节约能源的能力 (减少释放的潜力), 条形越粗短表明越能以更低的成本更多的减少排碳量

与建筑表皮相关的行为模式需要改变，从追求室内环境保持稳定状态——此时大部分建筑性能对于使用者是难以觉察的——转向使用者、运营者和管理者在认知上的提升。居民必须是"主动的、坚定的和有知识的"，能与建筑表皮和系统直接互动，并对日常舒适有一定程度的控制[10]。引用牛津大学环境变化研究所的凯瑟琳·詹达的话，"使用能源的不是建筑，而是人类"。面对气候变化，设计者需要让居民做好参与的准备并找到让居民参与的方式[11]。建筑的表皮在室内外环境的交界处提供了最实际的互动和控制的机会。

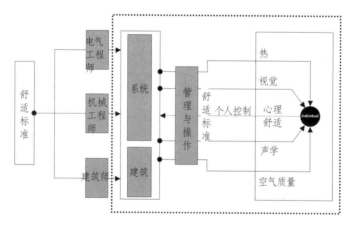

该图显示了在建筑设计实践中提供舒适的传统方法，其中强调的是机械和电气系统，以及顾问独立工作

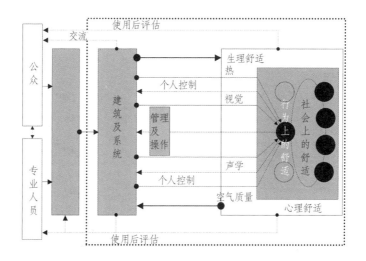

图中解释了关于舒适概念的一种新兴的扩展：以互动为目标的建筑和居民系统，通过可变性在较长时间内适应整个系统的变化需求

能量：潜力

整合集中（IC）系统是建筑一体化的光伏太阳能立面系统，它显著降低了太阳能的成本[12]。这个系统与现有的平板或集中光伏（PV）技术存在极大的不同。它提出了一种集成策略，通过将透明集中模块（Translucent Concentrating Modules）加入到双层幕墙体系之中，实现太阳能发电、供热、增强光照和减少获得太阳得热。

IC系统由多个玻璃模块组成，这些模块通过菲涅尔透镜（Fersnel lens）追踪太阳并聚集太阳光。这些聚集光的模块被安装于建筑的玻璃立面中或中庭屋顶上，安装在一个高度精确的、经济的、可以跟随太阳轨迹的追踪机械上。系统利用了现有立面系统的结构构件及保护维修计划，并使用了尽量少的且低价的材料。

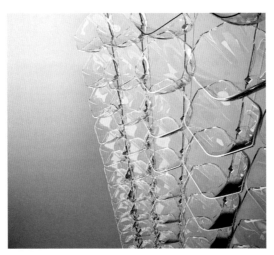

整合集中（IC）太阳能立面系统——由安娜·戴森（伦斯勒理工学院 CASE 工作人员）、麦克·詹森（伦斯勒理工学院机械工程师）和彼得·斯塔克（哈佛大学物理学家）设计——通过建筑表皮将太阳能的捕获和利用最大化

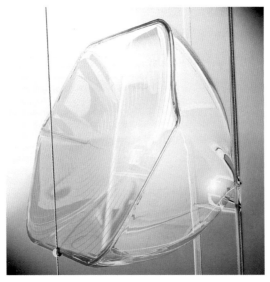

立面模块由硼硅酸盐玻璃制成，附着在一个玻璃管状结构系统上

　　PV 板目前的工作效率为 15％～20％。而 IC 系统的效率则高得多，因为它可以追踪太阳路径将能量转换最大化，并使用聚集太阳能的单元来发电，其工作效率为 35％。通过进一步研究，在未来，这些太阳能单元的效率预计可以超过 50％。此外，大约 40％的剩余废热被建筑立面转换成了高质量的热能（一种更高温形式的能量，可以更高效的形式传递出更远的距离），可以用作制冷设备的动力。通过这种方式，IC 系统将传统的因未阻止太阳能而需进一步解决建筑所得光热的模型转变为能量的转化模型，并加以引导以完全控制和利用能量。透明模块取代了不透明的遮阳表面，在其通过建筑表皮向室内传送热之前主动聚集、使用和转移太阳能，将低质量的漫射能源转化为可用于运转建筑设备（如冷却系统）的高质量能源。

　　IC 系统的建筑整合保证了以一种高效的方式将电力和热能传输到室内设施，同时减少了室内获得的多余热量并提高了天光穿透率。它在处理利用直射太阳光线的同时允许漫射光洒入室内空间，并考虑了透明表面情况下空间遮阳和采光的可能性。IC 系统的能量生产预测表明，它的造价回收期明显短于现有太阳能系统。

第三部分

建筑表皮综合策略

建筑的终极任务是人类的利益——用它自身来调节人与自然环境的关系。

——詹姆斯·马斯顿·菲奇，《美国建筑：塑造它的力量》（James Marston Fitch, *American Building: The Forces That Shape It*）

本部分选出的具体案例，都成功地协调了"现场"工程所带来的复杂性，并示范了一个强有力的设计理念在主导和整合各类事项时的重要性。这些案例还显示了一点：和"怎么样"装配一样，对于"为什么"的理解和对于设计团队的工作是同样重要的。有很多种方法可以解决问题，要点在于理解你为何选择其中的一个而非其他。

案例同时解决了建筑由一系列语境要求带来的具体设计挑战：开发住宅表皮与办公建筑表皮，整合被动环境策略，理解使用者的需求和他们对于舒适的理解，实现可适应性，并通过设计实现价值。在这里，设计师通过整体设计完成这些挑战，并最终造就了成功的建筑。

生活 / 工作：阿德莱德码头（Adelaide Wharf）住宅和图利街（Tooley Street）160 号办公项目

伦敦，英国
阿尔福德－霍尔－莫纳汉－莫里斯建筑事务所

建筑不断地覆盖玻璃，因为人们可以轻易地测量出玻璃的百分比，而真正重要的事是从内部和外部对玻璃进行感知和光线的质量。

——西蒙·阿尔福德（Simon Allford）

160 Tooley Street：俯瞰尚德街，可以看到 160 Tooley Street 的立面

不论项目类型是什么，阿尔福德－霍尔－莫纳汉－莫里斯建筑事务所（AHMM）对于建筑表皮的设计方法，第一步都是清楚地理解工程的约束条件：设计大纲、场地、背景、规划、立法和经济。这些参数成为设计的驱动力，为设计提供了最大的可能性而非限制。

Adelaide Wharf：悬挂阳台，沿
昆士桥路向北看

这种方法产生了适用于多种建筑类型的、能够应对复杂问题的整体解决方案。Adelaide Wharf 和 160 Tooley Street 是 AHMM 近期在伦敦完成的住房与办公项目。

　　住房和办公有非常不同的空间需求，但二者最灵活、最有趣的空间都是由"阁楼仓库模型"改造而来的。在这个模型中，强健的外壳容纳了灵活的室内空间，大窗户、天井、内庭为天光和空气开辟了通道，高天花板产生了丰富的空间感。这两个工程某种在程度上是由建筑类型和背景推导出的，同时与组装预制表皮施工的优势结合。

160 Tooley Street 现存基地之前的照片，来自 AHMM 档案馆

不列颠尼亚街项目室内，AHMM 设计的一个基于仓库的改造项目

　　Adelaide Wharf 由伦敦一个普通的低收入工人住房研究开发而来。它是一个先锋的、混合居住权的住房体系，是一个包含了 147 套新住房和 650 m² 的 C 形办公区域的 6 层中庭建筑。建筑的表皮、形式和规划被作为一个整体仔细考虑，其中私人公寓、共属单元和社会用房彼此间是不可分割的。

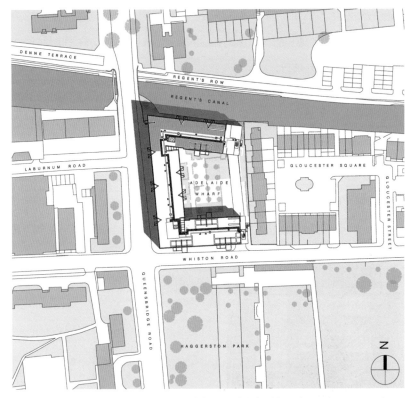

Adelaide Wharf：场地平面图，位于伦敦哈克尼区，邻近摄政运河（Regent's Canal）

通过局部更新和局部新建，160 Tooley Street 成为一个由可变办公空间、零售空间和居住单元组成的多功能建筑物。客户和建筑师在建筑设计、生产和建造的各个所段都采取了创新的手段。Tooley Street 的承包商在现场施工开始的 6 个月前参与到设计中，实现了学科间更高程度的融合，以及与关键的次级承包商 / 建造者在更高程度上的协调。这种安排充分利用了预制构件的优势，如预制的裸露的结构和立面材料，同时也实现了一个全盘的、整合的设计。

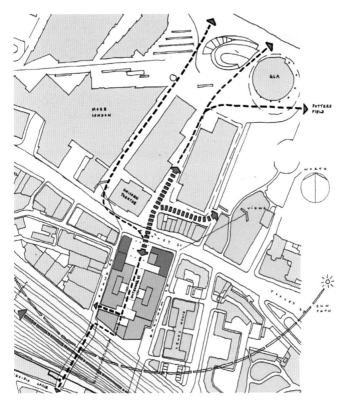

160 Tooley Street：表现入口和内部街道研究的场地位置示意图

为住宅设计表皮

Adelaide Wharf

　　Adelaide Wharf 的住宅规划本质上是蜂窝式的，其中不同的房间宽度决定了立面上的柱距变化。这样就建立了一种重复的适应内部房间尺寸的模数。平面的设计使所有的服务空间（浴室、厨房以及通道）都位于平面内部，而立面上都是需要窗户的可居住房间。

　　有窗户的房间都是卧室和起居室。这些空间的窗户有不同的尺寸、类型和位置。大窗格的窗户适合进深大的起居室，以便室内有更好的光照以及景观。小一点的窗户使卧室有更多的私密性和实心墙面积，以适应房间内家具的布置。由于卧室窗户比较小，它们可以偏移到不同的位置而不是像起居室的窗户那样对齐。这就建立了两种窗户类型的重复，一大一小，加以调整，可以应用到整个建筑。

每个公寓都有一个私人阳台，这个阳台从主体结构中悬挑出去，使得幕墙系统不被主结构穿过，便于施工和装配。阳台偏离窗户，不会影响室内视野，而且上下层错开不会使下层被完全遮住。这为外立面增加了额外的变化模式。

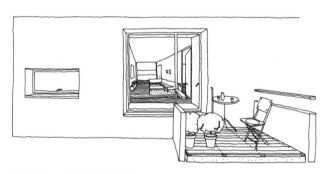

方案草图，从阳台向公寓内看

建造和预制

AHMM 将 Adelaide Wharf 住宅设计为简单的建筑体量，然后就可以借用建造商业建筑的方法在基地以外预制幕墙。这里的基本功能空间需要很高的灵活性，而一些服务性空间被给予更多的细节关注，比如厨房、浴室和表皮。建筑的形体通过重复的幕墙单元细部表现尺度感和清晰感。单元化面板中不同材料面层次分明，细节考究，使得立面有深度感和质感。

共享的景观庭院，近景的空地是孩子们的游戏区域，从周围公寓悬挑出来的窗户和阳台可以俯瞰这一区域

2007 年 5 月，基地上正在安装阳台

在基地以外建造立面单元缩减了成本和建造时间，并且提高了细部的质量。预制要求建筑构件有一个有效重复的元素，但在每一个面板中都可以有适当的变化。为了在立面上创造趣味，这种变化达到了最大化。幕墙所用的西伯利亚落叶松木板交替互相覆盖或偏离。单元幕墙面板之间的接缝是可见的，但并不引人注意，因为它看起来与面板内木板的接缝一样。将木板作为表面装饰材料是出于审美的目的，它将随着时间风化、柔化，而且西伯利亚落叶松木的维护需求较低。

单元化系统适应了居住单元的重复，而重复被打破的部分得到了强调。主入口和交通空间打破了建筑轴线束缚，使日光可以照射进楼梯井，入口处用彩色搪瓷面板条衬里加以强调。

Adelaide Wharf 的首层使用了感觉更加厚重的砖表皮。这种在基地上建造的砖表皮能够适应现存街道高度和基地边缘的变化，它为上层更加轻便、单元化的系统提供了安装的基座，避免它们受到来自步行街道的破坏。

刚刚运送到工地上的预制墙板

2006 年 7 月，对最终表皮饰面和材料质量的检查

起重机将一块立面单元吊起并安装到位

在立面上安装西伯利亚松木板

在位于昆士桥路的一个主要入口有类似玻璃的搪瓷表皮

首层砖砌的入口，沿昆士桥路向北看

独立 / 集体身份

　　Adelaide Wharf 是一个"无视具体使用情况"的开发，整个开发有相同的立面手法和一个作为集体的身份，在不同的拥有者或使用方案中没有什么区别。它用鲜艳的颜色来区分每一个入口。阳台有自己的色彩系统，从外面看来，通过建筑物周围的颜色变化，每个单元都有一个独立的身份。

　　金属板通常用一种粉末材料来上色，就像搪瓷一样。用这种方法制造各种色彩的少量面板是昂贵的，为了便宜地得到众多颜色，AHMM指定使用莱斯（Leighs）涂料，一种在用于多种颜色的少量生产时不会增加成本的表面饰材，它可以在基地上被很方便地使用，而且很牢固，甚至被用在北海石油钻井平台上。

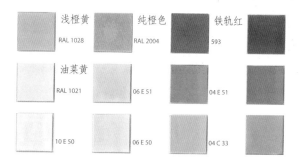

浅橙黄　　RAL 1028
纯橙色　　RAL 2004
铁轨红　　593
油菜黄　　RAL 1021
06 E 51
04 E 51
10 E 50
06 E 50
04 C 33

阳台色彩研究

能源和光照

英国的住宅规范更加关心热量损失，而不是获取光照。由于居住单元往往是比较浅的平面，因而有更大的墙地比。这使得窗户的尺寸变小，但它必须与房间的日照获取需求相协调，这又需要大一些的窗户。Adelaide Wharf 的设计目标是有 30% 的玻璃，以便在设计规范 U 值（热量流过建筑物的比率）要求、成本和英国建筑研究院（BRE）住宅单元光照规范中取得平衡。虽然玻璃面占表皮的比例不是很高，但从室内看却是明亮开敞的，这是细心地进行窗户布局和设计的结果。

为办公空间设计表皮

160 Tooley Street

设计与城市语境

开始进行 160 Tooley Street 项目开发时，它的位置被认为是边缘化的——夹在城市小道和向南的高架铁路之间。这使得项目组思考了这种建筑可供选择的设计策略以及潜在的最终使用者。项目在早期阶段已设定了一个清晰的目标，即 160 Tooley Street 应该重新考虑商业办公模式，这个决定影响了建筑设计的各个方面。新的模式对于可持续发展和能源利用问题有更多的考虑，它将努力重新构造城市的一部分。在这个场地限制很大的项目中，效益最大化的需求和品质最优化、解决材料浪费的驱动力联合起来，促使建筑尽可能使用预制构件进行建造。

综合策略：
团队、结构、服务和表皮

　　设计过程中，建筑团队发生的各种偶然事件的集合构成了 160 Tooley Street 项目成功的基础。奥雅纳公司同时负责了项目的装备工程和结构工程，而且承包商在施工前 6 个月就加入了团队，与大家合作进行工地协调。当挑战出现时，大家集体合作解决。团队的每一个成员都真心希望建造一个杰出的、创新的建筑。

　　建筑的简单预制结构框架及其表皮重新诠释了毗邻场地的现有仓库建筑的大型砖结构。结构框架元素由预制的、带整体加强的混凝土板构成，由当地的工厂制造加工，然后运到工地上与现浇的预应力结构面板装配。柱子也是预制的，覆盖有提前浇制的混凝土层，这使结构和表皮之间有热绝缘效果。预浇的覆盖面单元的混凝土混合物中含有云母，通过光酸蚀刻可以显露出来，使得建筑外表有闪亮的效果。

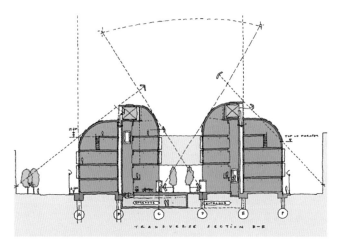

设计开发草图。建筑占据了南华克区图利街南部一块密集的城市用地，建筑的形式和体量来源于日光需求分析以及对于周边建筑特点和规模的分析

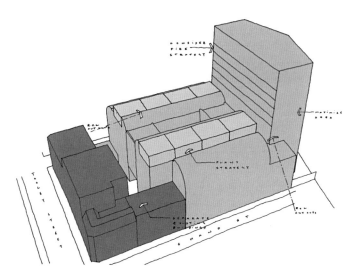

早期设计研究着眼于建筑体量（浅蓝色）与周边混杂城市环境的关系

　　大块高性能的单元化幕墙面板安装在这个预浇的结构框架里。它们的尺寸——2.4 m×2.4 m——反映了邻近建筑的比例，营造了良好的视野、内部光照以及一种轻盈大度的感觉。表面单元通过凸窗和纯色的嵌板给予了立面深度感和阴影，从街道一侧看的时候更加分明。为了应对热量负载和光照，这个系统改变了立面上不太通透区域玻璃面板的比例。

　　置换通风系统与结构完全结合了起来：中央的柱子作为"结构风道"，将冷风从屋顶通过架空地板层引到建筑室内靠窗的地方，这里得到的阳光热量是最多的。立面上平均有 47％ 的面积是玻璃，保证了有限的热量获取，从而使制冷负载和能源消耗最小，这个玻璃面积比例是一个典型的"玻璃盒子"办公楼的一半。

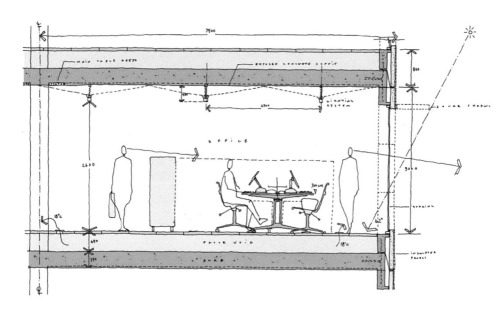

建筑师探索建筑周边人体工程学和环境舒适因素的剖面草图

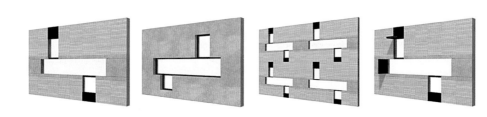

早期表皮研究

内部 / 外部

在 Adelaide Wharf 项目中，玻璃和不透明元素的分布使日光分布于最需要的地方。阳台布置在一侧，避免阴影遮挡下层单元，使得室内可以有清晰开敞的视野，而不被阳台和栏杆阻挡。

在 160 Tooley Street 项目中，AHMM 使用大型窗户单元消除了由 1.5m 的框架模块构成的典型重复的 1.5m–3m–1.5m 的"笼状"结构（由英国标准化办公室规划决定），同时，这种大型窗户单元还可以防止在桌面高度 750mm 区域下方的地毯上浪费日光。虽然建筑师在建筑物的表皮中使用的玻璃比通常少，而且建筑物比典型的办公楼更坚固，但其内部实际上感觉非常轻盈和开放，在这里，玻璃安放的位置起到了重要作用。

在这两个例子中，建筑表皮看起来都很简单，但是它们都需要学科间高度的协调，需要对日光和热量得失进行认真评估，并秉持一种强烈的设计敏感性，这表明建筑表皮设计是同时关乎内部空间品质和外部审美的，不能只考虑其中一点。

160 Tooley Street：沿巴纳姆街的立面，通过外立面玻璃的反射将空间连接起来

Adelaide Wharf：俯瞰摄政运河的悬挑阳台

大进深建筑：哈勒奎恩1号（Harlequin 1），英国天空广播公司传播与记录设施

伦敦，英国
奥雅纳建筑事务所

总部位于伦敦的奥雅纳建筑事务所（Arup Associates）成立于1963年，由富有开创性的工程师奥韦·奥雅纳（Ove Arup）创立。他希望正式对他的工程公司（Ove Arup and Partners）中已经存在的另一个机构给予承认，在这里，"建筑师与工程师……平等合作……致力于提高和改革……设计[1]"。在仍然致力于奥韦对于"全面设计"的憧憬的同时，事务所的理念已经发展为所谓的"标准化设计"，即由一个组织良好的团队通盘考虑所有相关的设计决策，使建筑变成艺术、技术和科学无缝连接的整体，为所有使用者的福利服务。

奥雅纳建筑事务所从每一个项目的开始，都以包含建筑师和结构、设备以及可持续工程师的紧密团队为单位工作。可持续性是该公司每个项目的核心。他们所感兴趣的不只是简单的能源节约，而是一个"全生命周期"的、以人为本的过程。全生命周期的可持续性要考虑到不同地点价值的差异，而不是寄希望于创造一种适合全世界所有的人、城市和场所的模式。它需要用一种更宽广的文化视野来看待可持续性，并通过优先考虑人的经历、感觉和记忆将地域身份引入到设计中。

大进深建筑

奥雅纳的 Harlequin 1 项目位于伦敦西部，建筑要承担欧洲电视广播公司 BSkyB（英国天空广播公司）的录制、加工和传输功能。这个面积约为 21 368 m² 的四层建筑，其基地大小约等于两个纽约街区，大约长 100 m、宽 50 m。该建筑包含了 8 个不同寻常的自然通风的演播室，可供 1370 人使用的、自然通风的办公室以及可为 400 多台电脑服务器提供的无需制冷的数据室。

大进深建筑的表皮与平面的比例较低，比进深小的建筑商业效益高，但是也需要更加强大的通风系统。Harlequin 1 建筑的中心区域是需要较强通风的、包裹在内部的黑空间（所需自然光比办公环境少的空间）。这些黑空间包括储存电脑服务器的机柜间、专业的后期制作房间以及媒体储存设施，它们都位于基础设备槽的附近。

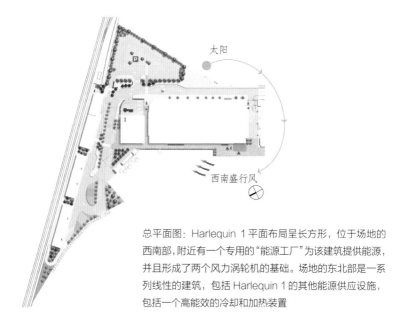

总平面图：Harlequin 1 平面布局呈长方形，位于场地的西南部，附近有一个专用的"能源工厂"为该建筑提供能源，并且形成了两个风力涡轮机的基础。场地的东北部是一系列线性的建筑，包括 Harlequin 1 的其他能源供应设施，包括一个高能效的冷却和加热装置

Harlequin 1 的电脑渲染图，左边建筑外立面上连接有巨型的演播室通风烟囱

开敞的办公环境分布在建筑中心的黑空间周围，人们可以从办公室方便地进入黑空间。同时，这样的设计使利用最多的办公空间有良好的采光、通风和视野。 Harlequin 1 一天 24 小时都要使用，而人自然生物钟的破坏会伴随很多健康问题，比如季节性情感障碍（SAD）和睡眠周期延迟症候群（DSPS），所以让使用者感受到自然的日夜交替至关重要。

8 个双层高的"漂浮盒"演播室位于首层，在后期制作和办公区域的下方。建筑顶层包括工作台控制房间（监控频道内容和广告）以及更多机柜间，正上方的屋顶上是卫星无线区，布满了机械和电子设备。

建筑中央的中庭起到大型自然通风烟囱、交通空间以及多功能社会活动区域的作用，承担从温室花园到娱乐设施的各种社会活动

建筑表皮可持续策略

Harlequin 1 是一个紧凑的、高效的、技术主导的结构。表皮是如何在建筑设计中发挥作用的？正如之前所描述的，建筑有三个主要部分：中心区域的技术和设备空间，四周的"人的空间"，下部的演播厅。每个部分都有目标和分工明确的可持续策略。这个建筑的核心区域有"不制冷"的通风道以及其他技术设施，这些从建筑外部是无法看到的。然而，办公室和隔声演播室的被动设计策略并不是表皮设计的主要驱动因素。

自然通风和噪声控制

Harlequin 1 的自然通风演播室需要严格控制外部噪声，这为设计提出了一个专业技术上的挑战。自然通风似乎与这一点矛盾：如果你打开窗户，噪声通常就随着空气进来了，这就需要挡板和衰减器来降低噪声，但是衰减器又限制了通风。

为了克服衰减器的阻碍，奥雅纳设计了一个由演播室灯光余热驱动的系统。灯光产生的热空气通常需要机械冷却，但是在这个案例中，热空气被允许通过暴露在外的通风烟囱排出。随之产生的压力差会吸进来凉爽、清新的室外空气，使之通过声音衰减器进入演播室。当气候状况不利于自然通风时（室外温度低于 10 ℃或超过 22 ℃），烟囱就通过机械通风来冷却演播室的空间。该案例通过一个基于计算机的建筑管理系统（BMS）控制室内百叶，这些百叶可以用来阻止自然通风，使机械加热或制冷的空气通过屋顶设备进入演播室。

大型自然通风烟囱是立面的有机组成部分，它们强有力地表现了自然通风策略，为建筑平面层提供了遮蔽，并且解放了建筑内部本来要被空气供应系统占据的空间。"烟囱"的外形参考了这种构件的机械本质，外部包裹了铝板。而演播室在外部呈双层混凝土盒子的形态，一个盒子包着另一个，中间的轴承用来防止噪声传入。

施工中的 Harlequin 1：演播室的自然通风烟囱是铝制表皮，而图中位于下部的演播室本身是双层混凝土表皮结构的"漂浮"盒子

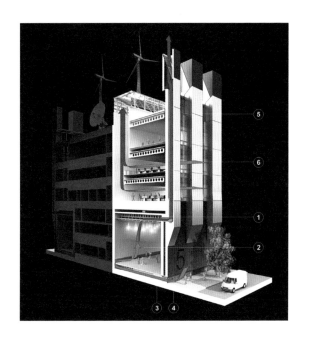

演播室和办公室自然通风示意图:

①演播室灯光产生的余热通过通风烟囱上升排出。

②在热空气上升的时候,演播室内产生较小的负压。

③这个负压克服演播室下部声音衰减器的阻碍,从室外吸入新鲜凉爽的空气。

④外立面上有允许外部空气经过衰减器进入演播室的百叶装置。

⑤当外部环境不适合进行自然通风的时候,演播室空间可利用同样的烟囱进行机械通风制冷。

⑥办公室的内部自然通风烟囱遵循与演播室烟囱类似的规则。

办公空间和表皮

　　大进深的建筑相对于小进深的建筑来说更难依靠自然通风,它们通常采用机械通风。然而在 Harlequin 1 的案例中,奥雅纳使用了特殊的技术来保证自然通风的可能性。正如演播室需要大烟囱来驱散热量提供自然风,办公空间也是如此。它们的烟囱被整合进建筑的中心区域,而且具有多重功能。内部的三个大烟囱不必通过烟囱效应从开敞的办公空间吸走热量，同时也提供了光照、垂直交通和非正式的会议空间。在约100 m 长的开放的平面区域中，烟囱可以作为指示标志，帮助人们在大面积的平面层内确定自己的位置。办公室的外部表皮构成了自然通风系统的重要组成部分。它有很多功能：能使自然光进入，给室内良好视野，它提供的通风方式使人感觉可以主动控制环境，并防止太阳光使建筑过热。在所有楼层，Harlequin 1 都有位于上部的和下部的、顶悬的、机械化开启的窗户用来自然通风。这些窗户的气流原则与上下拉动的窗户相似，空气可以从窗户的上部或下部流通。窗户可以由使用者通过窗户上的一个简单开关来打开和调整，这个开关在 BMS 为室外温度范围适合自然通风时呈绿色，当室外温度不在这个范围内的时候，BMS 替代人工控制，关闭窗户，同时进行必要的散热器采暖或机械制冷。通过这种方式，使用者在天气允许的情况下有机会自己控制室内环境。建筑相关研究表明，可以控制环境的感觉不仅会提升使用者对于建筑的感受，还会使得他们对于室内温度的忍受范围增大，这进一步降低了对于机械制冷、制热的依赖。表皮系统的最后组成部分是由一系列垂直的铝片组成的窗户遮阳设备。奥雅纳精确地计算了铝片的深度来取得建筑每一面光照的平衡，使光照得热最小化。在北部立面上，这些铝片是设有必要的，因此没有使用。而在受日光影响最大的南部立面上，这些铝片上增加了水平的陶瓷釉条，横跨了整个玻璃面板。

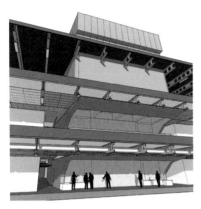

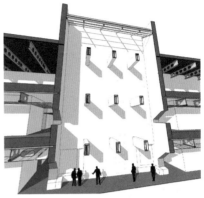

建筑的剖面透视展示了中央办公室烟囱（蓝色），烟囱在下面几层营造出多功能的灵活空间，在上部利用天光营造出类似中庭的空间

剖面为穿过中间的办公室烟囱，将光线带入建筑内部，同时作为热空气的排出路径

从外部展示办公室表皮基本构件的剖面透视：演播室抽风烟囱（1）、演播室供风烟囱（2）、自然电镀铝板（3）、人工或 BMS 控制的通风口透明烧结玻璃单元（4）

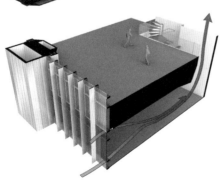

从室内看某层办公室上部顶悬窗，外面有遮阳板

空气通过表皮上部和下部的顶悬窗被吸入，在办公室地板内变热，然后通过中央办公室通风烟囱向上排出

遮阳板和上下顶悬窗的外部透视，在下悬窗上有烧结的花纹，窗户是后面有百叶的玻璃拱肩面板：Harlequin 1 的玻璃立面是由单元化的表皮构件与突出来的自然阳极氧化铝组合构成的。装配玻璃是结合到托架上的结构硅树胶。一般情况下，上下部顶悬窗是机械控制的，通过电子方式开启，实现自然通风

综合设计和可持续性

像 Harlequin 1 这样的电视广播设施，其中心都是大型数据库。在全球范围内，数据中心每年产生的碳排放量约占地球碳排放量的 2%，是葡萄牙这样的国家的碳排放量的两倍[2]。碳排放量即使只有微小的减少，也会对环境产生积极的影响。奥雅纳和客户从一开始就致力于用各种方法降低建筑的能源消耗。

奥雅纳的工程师在设计的开始阶段就计算了能源消耗量，然后在整个设计过程中不断利用计算流体动力学（CFD）模型进行检测，这个模型可以模拟诸如空气和水等元素在一个特定环境中的运动。这些分析方法对于决定一个建筑的朝向、内部空间配置和机械系统设置是必不可少的。CFD 模型也可以帮助设计应对日照方向的建筑综合表皮和遮阳系统。

最终的整体建筑是一个不同寻常的建筑类型，客户将其描述为一个"思想的创造工厂"，当地的规划部门称它为"一个 21 世纪的新的发电站式的建筑"[3]。建筑的表皮是清晰而完整的可持续策略的基本表现，

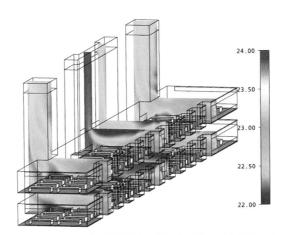

在设计开发的过程中，进行了大量的计算流体力学分析来证明自然通风系统的有效性。在这里，热空气从窗户到中央办公室烟囱的流动路径得以显示

2009 年 6 月，正在施工中的 Harlequin 1 的照片

它回应了建筑特殊状况所呈现的可能性，而不是一种先入为主的固有的理念。表皮的每一个组成部分都反映了奥雅纳对于大型、大进深的建筑进行的完全综合的、被动的、可持续的设计方法。Harlequin 1 是迄今为止世界上最可持续的广播、演播场所与数据中心。

反馈循环：英语学院与犯罪学学院

剑桥，英国
埃利斯－莫里森建筑事务所

我们将表皮理解为一系列独立的层次，每个层次都有独立的操作控制方式。从某种程度上来讲，这些表皮层次的出现是表皮技术性能的结果，它回应了建造顺序或环境控制的要求。但更重要的是，它们提供了一种方法来协调内部功能与外观的时而相同、时而矛盾的要求。

——鲍勃·埃利斯，《浅谈建筑》（Bob Allies，"On Building"）

当一个建筑完成时，人们通常会认为这是一个最终的产品了。但是建筑完成、交给客户仅仅是一个建筑生命的开始。30 年后看，建筑最初的建造成本仅是它实际花费的一部分。一个建筑全寿命的大部分花费都在人力成本上，而人们的工作表现、出勤率和旷工率都受到建筑舒适度的极大影响。因此，一个建筑的成功必须从其全寿命周期以及使用者的舒适和生产力的角度来考虑。建筑设计过程如何能保证特定使用者的舒适和工作表现？如何能建造出预期到项目未来用途和需求的适宜的优雅的建筑？

2000 年，英国剑桥大学委托获奖的伦敦事务所埃利斯－莫里森建筑事务所（Allies and Morrison Architects）为西格威克艺术与人文学院制定了一份总体规划，并设计英语学院和犯罪学学院两个新建筑。这两个建筑于 2004 年完成并投入使用。4 年后，剑桥的房产管理和建筑服务部门（EMBS）检查了这两个建筑的使用者舒适度，并将其与最初进行的使用后评估（POE）的预测相比较。

　　POE 报告是用来评估一个建筑使用后的性能的，它能有效帮助我们理解它与最初目标、性能预期以及使用者持续要求的符合度。这个报告提供了一种评定建筑在性能、舒适度和交流方面成败的建设性方法，这种方法基于建筑的使用者和管理者。

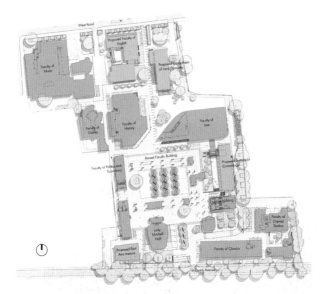

2001 年英国剑桥西格威克基地的总平面图：英语学院在左上部，犯罪学学院在中间的右侧

背 景

　　设计团队被要求应对大学丰富的历史环境，同时要产生灵活的、"不过时的"、节约能源的建筑。在建筑内部方面，要优先考虑环境控制的方便、好的能源性能以及心理和空间上的舒适。这些设计的发展涉及与建筑使用者的大量讨论，以便了解他们如何评价已有的场所以及他们对新建筑的期望。

建筑师还仔细地研究了建筑周边更大范围的场地，以便在它们之间建立一个有遮蔽的空间系统，并且创造明显的"大门"作为总体规划的一部分。总体规划建立在周边由休·卡森爵士（来自卡森－康德及其伙伴建筑事务所）设计于20世纪50年代建筑的积极方面（有较窄的平面和混凝土框架结构）的基础上，同时考虑了基地上年代更近的建筑物，包括詹姆斯·斯特林设计的历史系馆（1968年）、福斯特建筑事务所设计的法律系（1996年）以及葛艾活建筑师事务所设计的神学院（2000年）。

近景是卡森－康德及其伙伴建筑事务所设计的教师进修大楼，远处是犯罪学学院

近景是詹姆斯·斯特林设计的历史系馆，远处是英语系馆的南立面

葛艾活建筑师事务所设计的神学院为远景，詹姆斯·斯特林设计的历史学院在中间偏右，英语系馆在左边

左侧是福斯特建筑事务所设计的法律系，教师进修大楼在右侧，在其中间可以看到通向犯罪学学院的入口

建筑表皮

　　除了提供良好的围护体系，建筑的表皮还要安全，有自然通风，有可开启窗，符合高性能的热绝缘要求以及防空气渗漏标准，并可以减少过度的热量获得。它们的外观必须反映内部系统，同时要协调与周边环境的关系。这些影响因素的结果是两个极不相同的立面系统，每一个都是专门针对其建筑、使用者和场地的。

　　两个建筑都采用了综合的环境和结构策略，并且二者有相同的平面面积和层高。但由于两个建筑分别采用不同的方法处理自然光和气流的问题，使用者对于这两个场所的感受和体验会很不一样。

　　犯罪学，一门相对较新的学科，构成了剑桥法律系的一个分支。犯罪学学院主要由具有研究生学历的研究人员构成，学院希望通过这个新建筑确立自己的身份。虽然这个学院的大部分工作是严格保密的，并且

英语系馆的主入口，远处是詹姆斯·斯特林设计的历史系馆

犯罪学学院的入口敞廊，有通往景观庭院的入口

涉及与警察和政府安全部门的互动，研究者还是希望这个建筑及其中的工作场所是光明开敞的。对他们来说，窗户是进步、透明以及现代开放性思想的象征。作为回应，埃利斯 – 莫里森建筑事务所的设计使玻璃立面的面积最大化，玻璃面积只受到环境因素限制，因为要在夏天避免过量热获得，在冬天减少热量丧失。立面的不透明部分是蓝灰色的电镀铝板，其颜色与邻近的法律系馆等建筑相协调，窗侧和上下层窗间墙是白

色的混凝土。办公室采用地板架空层里的围护沟加热器，通过管道里的热水进行对流加热，在每个固定窗下有通气孔，所以从地面终饰面上开始的玻璃幕墙在视觉上可以保持完整的连续性。

犯罪学学院的西立面：顶部的两层包含办公室，有固定的阳极电镀铝板和百叶（在可开启窗后面），下面图书馆层的百叶板更大，其后面有更多的玻璃面积。由于建筑下面的楼层接受的日光热量较少（因遮蔽），并且承担公共性更强的图书馆功能，建筑从上到下透明度是增强的

图中显示了犯罪学学院窗户、柱子和墙体之间的关系：圆柱位于立面内侧，并且脱离开内部分隔轴线以使柱子不会和内部隔板相撞。这一点不同于英语学院的建筑，在那里，方柱与分割轴线对齐。在前期设计概要确定的过程中，已经认定英语学院的内部布局需要的改变较少，而犯罪学学院需要更大的空间灵活性，以便根据学院内的研究工作和团队重新布置空间

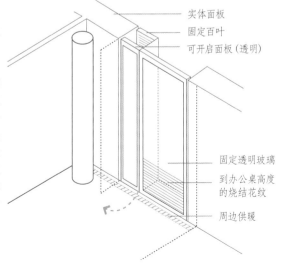

实体面板

固定百叶

可开启面板 (透明)

固定透明玻璃

到办公桌高度的烧结花纹

周边供暖

相反，英语系成员优先考虑的是能在一个较私密的书桌旁以小组的形式给大量本科生上课。他们的建筑是以一系列沿走廊的小房间的形式组织的，其立面表现为"孔洞式"的窗户，窗户为每个老师和相应的学生小组提供了一个外面世界的景框。表皮材料是一种暖色的陶瓷雨幕系统，与邻近的著名的红砖历史系大楼相呼应。建筑里的办公室通过暴露在室内的、固定在墙上窗户下的板式散热器供热，人可以坐在供热器上看书。

英语系馆的东立面：每个窗户都与内部的一个办公室空间相对应。这些"孔洞式"的窗户，一部分是固定的玻璃，另一部分是不对称的可开启窗，可开启窗前有固定的百叶，周围是赤褐色的雨幕系统

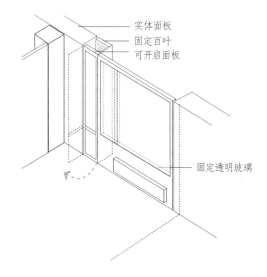

实体面板
固定百叶
可开启面板

固定透明玻璃

图中显示了英语系馆窗户、柱子和墙的关系：每一个混凝土方柱的表面与划分网格相符合，当室内进行划分时，内墙面的一面与柱子表面对齐，另一面在旁边办公室里

意识到给每个建筑以特殊身份来适应它现在功能的必要性的同时，EMBS 有意使建筑也能适应将来的需求，甚至是现在还不明显的需求。两个建筑的设计纲要上都要求能有尽可能多的灵活性空间，与商业办公楼"外壳和核心"的模式更加相像。两个建筑在明确特定的办公空间的同时，也允许基于 1.5 m 模数（一种标准的设计尺寸）隔板的移除或增加。立面上玻璃的面积得以调节，以便在满足良好日照的同时控制得热散热过程。玻璃板尺寸也是由内部柱网决定的，以便在将来更容易划分室内空间，并且每个房间都有可开启窗。采光通风窗、结构、加热系统、潜在的室内设计以及控制都不可避免地联系在一起。

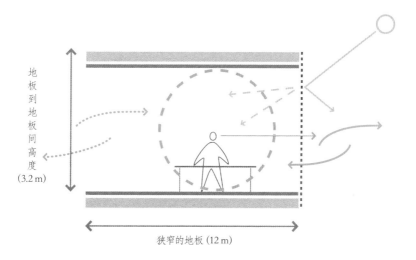

地板到地板间高度（3.2 m）

狭窄的地板（12 m）

两个建筑的设计都关注使用者的舒适度：景观、空气、噪声控制和温度

结构与环境综合

作为综合设计和环境策略的一部分，设计团队在两个建筑中都采用了重混凝土框架结构。"通过暴露的大面积建筑蓄热体，在白天吸收过多的热量并在夜间释放出来从而自然地调节内部空间的温度[1]"。建筑师设计了高性能的建筑表皮来降低过度的热量损失，并且通过有效的遮阳，允许更大的玻璃幕墙面积，最终在各部分都实现了较好的日照水平。

设计团队的环境工程师标赫注意到"在推荐的舒适范围内，应该允许建筑内部温度通过建筑蓄热体，以24小时为周期随室外气温发生变化。这样保证了建筑设备系统工作量最小[2]"。建筑办公室和图书馆空间的最大舒适温度范围已通过建筑模拟软件得到广泛研究和测试。过去两年真实的能源数据显示，两座建筑都一直能够满足或接近电力消耗的推荐标准。

空间类型	占普通高等教育校园的比例（％）	电能目标（千瓦时／年）	化石能源目标（千瓦时／年）
教学	25	22	151
研究	20	105	150
阶梯教室	5	108	412
办公室	30	36	95
图书馆	10	50	150
食堂	2.5	650	1100
娱乐	7.5	150	360

剑桥大学的物业管理和建筑服务部门使用这张政府图表作为基准参考，它显示了典型的高等教育校园中典型空间类型的年度能耗目标数据

舒适与控制

POE 以建筑用户反馈的形式对这两座建筑的报告显示，没有关于热量和得失或眩光的负面情况，这两个都是设计团队关注的问题，因为这两座建筑的立面主要是朝东和朝西的。一个基于电脑的建筑管理系统（BMS）控制并监视建筑的室内环境，包括加热系统与人工光照，但是

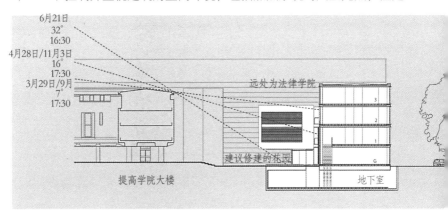

6月21日
32°
16:30
4月28日/11月3日
16°
17:30
3月29日/9月
7°
17:30

远处为法律学院

建议修建的花园

提高学院大楼

地下室

3
2
1
G

犯罪学学院西立面上的太阳角度，在春分、秋分和冬至、夏至的时候

英语学院学习空间的室内景象

使用者可以直接地、完全控制窗户和百叶。广泛的研究表明，在可能的情况下，人们会打开窗户通过增加空气流动来使自己凉爽[3]。即便这并不总能使一个地方真的变凉快，但它确实提供了一定程度的舒适，而且如果人们可以控制窗户开闭，他们对于室内温度的忍耐力会增强。

交流：设计与运行

　　一个学院建筑的设计必须在其发展的每个阶段通过严格且复杂的审批程序。然而，在建筑师想要的建筑设计性能与建筑真实的日常运行管理之间通常有差距。以清楚的程序进行交流对于保证这两座建筑的成功设计、系统综合、维护以及使用至关重要。设计程序中有交流障碍的地方往往也是其日后使用中出现问题的地方。反之，在关键时刻相关各方一起合作的地方，其结果也是考虑得最全面的。

　　理论上讲，一个院系的建筑有长期固定的拥有者，因而通过设计、规范、管理，使用者教育以及将来受益的确定性，这类建筑有最大的潜力获取最好的综合性和能源性能。在一个院系建筑的寿命中，最初设计纲要的起草者、设计团队、承包人、调试团队、客户以及建筑管理者、使用者必须分担责任。成功并且有较好综合性的被动式设计尤其如此。因为这种情况下不只需要前瞻性的客户和设计团队，还需要有尽责的使用者，使用者需要了解简明的建筑运行规则（比如，每年或每季度如何、何时开闭窗户以便最好地利用自然通风）。这又需要精细的专为这种建筑服务的建筑管理系统，以及训练有素的设备管理者。

　　准确地说，对于建筑轴网、结构、环境策略、选址和概念，以及材料的制造和装配等方面的细节化的注意，均有助于"将现代建筑的复杂问题升华为设计良好的综合性建筑"[4]。然而，在建筑使用前和使用后，使用者的行为和他们对于建筑的设计和日常运作的影响，一直是建筑能源性能和舒适度的活跃的决定性因素。

犯罪学学院公共休息室的室内景象，朝向西立面

英语系馆一层公共休息室的室内景象

插入城市肌理：图利大街排屋

伦敦，英国
霍金斯－布朗建筑事务所
_____

　　霍金斯－布朗建筑事务所事务所建造的建筑表皮不是独立的、二维的，它们被认为是建筑"DNA"的复杂组成成分，是由整体建筑的规则和概念产生的。这个事务所将建筑表皮理解为复杂的过滤器，或"门槛"概念的体现，表皮在气候、构成、文化上处于居中调节的位置，并且有利于在一种社会文化环境中定义一个建筑的位置。霍金斯－布朗建筑事务所设计的每一个建筑的表皮都和它的场地环境、客户、朝向和设计大纲一样独特。事务所的很多工作涉及解决如何创造性、适应性地再利用现存建筑的问题，他们为新建筑所做的设计策略有很多是源自于这部分工作。

城市肌理

　　图利大街排屋项目是福斯特建筑事务所所做的"更伦敦（More London）"项目总体规划的一部分。该项目位于伦敦塔桥和泰晤士河南侧的滨河地带，这里有福斯特设计的新大伦敦议会（Greater London Assembly）建筑。一组现存的排屋（一行相连的建筑）就在图利大街上，图利大街位于 More London 区域的最东南角上，这里是总体规划中留存的最后几片待开发区域之一。排屋建筑位于一个历史保护区域，并且将作为原来街区形态的一个代表保存下来，这里曾经是泰晤士河附近的货物仓库。

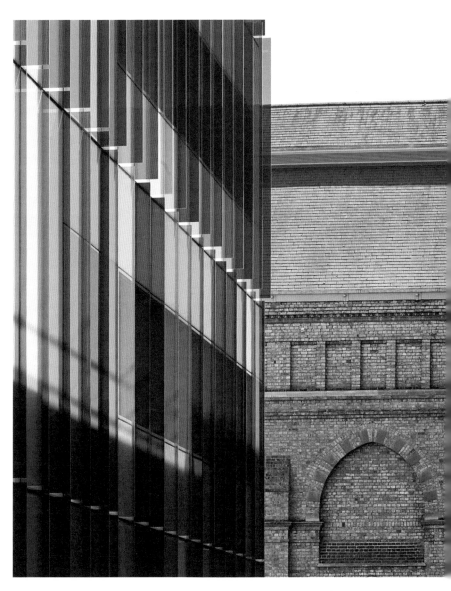

牛津大学的新生物化学大楼（2008年）是霍金斯－布朗建筑事务所的项目中表现新建筑敏感
介入现存建筑的一个例子。这个项目是牛津大学里邻近皮特利弗斯博物馆的一个新建筑

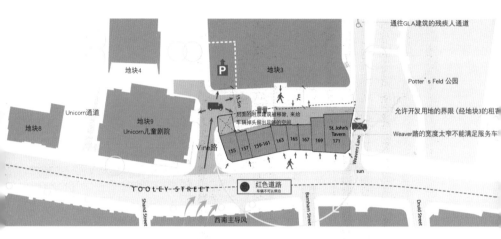

图利大街排屋总平面图，表现了排屋与周边 More London 开发项目的建筑物的关系

　　虽然这个项目是一个投机的办公楼开发，但它提出了一个复杂的设计挑战：对于现有肌理的"插入"。住宅和小型商业建筑位于南部（邻近北伯蒙德），规划的办公楼位于北部（More London 开发的一部分）。霍金斯 – 布朗建筑事务所的提案处于居中调和地位，将 More London 开发与北伯蒙德结合起来，这种结合不只是物理形态上的结合，同时也是功能和社会环境方面的结合。公司必须在建筑设计中为多用户情况留有灵活性，同时又要使这个方案具有场地独特性。

　　图利大街排屋项目的建筑首层是小尺度的零售空间，上面三层是约 1394 m² 的灵活可变的办公空间。这些空间都在融合了现存、翻新、新建的建筑立面后面。图利排屋两端是圣约翰酒馆和安提加利肯酒店，这两座建筑曾经都是客栈，具有酒吧和住宿的功能，对于曾经在这个区域生活工作的人有重要的文化意义。建筑师翻新了圣约翰酒馆，使之成为一个包含酒吧、咖啡厅功能的饭店，并且希望它仍然可以作为邻里街区的社会交往空间。

缝合

团队对现存立面结构和历史价值进行了详细分析，以便决定哪些元素是重点需要保留的，哪些元素是对于城镇中排屋的景观做出贡献的，哪些元素是已经难以进行修缮的。霍金斯－布朗建筑事务所将基地上的建筑集合作为一个整体考虑，它们的建筑表皮要应对基地上360°视角的周边环境。许多现存的排屋建筑元素得到保留，事务所早期的详细研究保证了最重要的城市肌理得到保留，以及在原有建筑被移除的地方，新的建筑元素将显示在排屋的主立面上，预示着排屋及其周边的有活力的新生活。

图利大街排屋是由许多独立建筑物构成的，这些建筑建于不同时期，楼层高度不统一。霍金斯－布朗建筑事务所与结构工程师亚当斯·卡拉·泰勒工程公司合作，调查各种平面高度数据，建立了一个包含每层平面结构的数据库，同时制定了有效的房间净高度。这要与制造统一的、低成本的、在整个立面上尽可能重复的立面构件的需求相平衡。通过重新配置平面层，将新的交通和服务性元素（包括电梯、楼梯、浴室和服务电梯）布置在后面，霍金斯－布朗建筑事务所将这些建筑重新组合成了一个整体，同时保留了它们各自的特点和性格。

蒙太奇照片，给出图利大街排屋周边环境的街道立面图

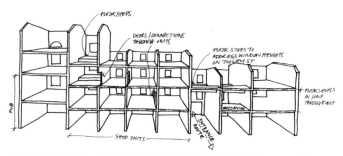

楼层高度设定草图,显示了原有排屋建筑中复杂的楼层高度设置如何得到具有适应性的重新利用

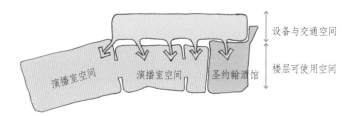

概念草图,表示了服务与垂直交通区域(蓝色)、办公室/演播室区域平面(粉红色)与独立的酒吧/餐厅区域的关系(黄色)

立面概念草图,其中新建的立面用粉红色表示

立面

　　图利大街排屋的立面概念是由一个游戏引发的。在这个游戏中，人不需要直接接触杯子，而是用气球将杯子提起。之前存在的排屋相当于那个茶杯，是"主体"，新的干预所代表的气球将它自身与杯子的现存结构相挤压，在显示它的存在的同时并没有压倒主体。透过现存的立面，新的建造物是部分可见的，这支持了将历史建筑作为主体的概念。霍金斯－布朗建筑事务所希望新旧元素相互补充，使其在新的街道景观中有迷人的表现。设计中新元素的材料经过细心挑选，可以在尊重排屋历史的同时应对新的建筑语言。

气球和茶杯的概念图，基地现存建筑是茶杯，新建建筑是气球

北立面的细节，表现了实体的阳极电镀铝板和透明的彩色玻璃窗，玻璃窗上有陶瓷烧结材料用来掩盖地板和顶棚与立面交接的区域

　　新的立面是统一的单元化玻璃幕墙系统，其大块的表皮单元是在基地外由玻璃和阳极电镀铝板组合预制而成的，然后以一种似乎不太规则的方式安装。玻璃竖框的分割是根据现存排屋的窗户布置与周围邻接的建筑体量得来的。新建筑表

皮沿街面的韵律延伸到了建筑背面。从玻璃到更加坚实、独立的阳极电镀铝板材料的转变区分开 155 ~ 169 号的房子和 171 号的圣约翰酒馆，但既定的韵律是一直保持的。南北立面主要都是由玻璃构成的，使得灵活的工作空间光照最大化，并且整个建筑都有一种透明性。立面在建筑向北展开的过程中变得越来越透明。

单元化玻璃幕墙系统由预制的清澈而有不同透明度的彩色玻璃组成，通过部署配件来掩盖地板和顶棚、立面的交界处。有透明着色膜的隔层，提供了视觉上的温暖和特性。霍金斯 – 布朗建筑事务所事务所通过对图利大街和周围 More London 开发地区的环境和建筑进行色彩取样，发展了自己的色彩系统。事务所准备并进行了很多各种密度和分布的色彩研究，用来理解工作场所彩色光线的效果。最后，在玻璃颜色的选择上很慎重，以保证主要的棕色、红色的温暖感与蓝绿色玻璃相平衡。

彩色玻璃的诗意与解决阳光获得问题、为室内提供遮阳的实际作用相结合。南部立面的大部分包含原有砖墙部分，新的玻璃立面可以被加入，同时仔细平衡得热与光照水平。南部主立面色彩最密集，随着建筑的展开而消散开。色彩的使用强调并增进了排屋外观、尺度和性格中热闹的成分。在夜间，灯光与色彩的集合构成了图利大街上的一个标志，象征着重生的建筑，并庆祝它的新生。

图利大街排屋从周围邻里街区选取色彩进行研究

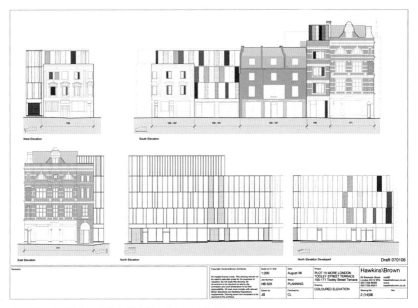

立面图，表现墙立面上的虚实比例和彩色玻璃的分布

控 制

霍金斯 – 布朗建筑事务所采用了混合模式的策略来处理建筑中的空气流通和气候控制，通过可开启窗提供自然通风。公司倾向于尽可能采用简单的环境控制策略，以确保建筑使用者易于适应和调节他们所处的环境。例如，当你在夜间感到热、想净化污浊空气的时候就可以打开窗户。伦敦的温和气候以及图利大街排屋的平面进深使自然通风在全年大部分时间是可行的。项目的环境工程师 RHB 公司（RHB Partnership）检测了建筑的性能以保证环境控制策略尽可能的简单。建筑的架空地板层和服务空间允许系统按租客要求进行改进、加强。比如，如果一个办公区域由于被高度划分或有大量电脑散热而需要安装空调系统，它就可以

很方便地安装制冷系统，然而空调系统并不是固有的默认首选系统，如此便降低了成本、碳排放和持续的能源花费。

内部到外部，外部到内部

立面通常被考虑为单独的建筑的"外层皮肤"和"脸面"，但是霍金斯－布朗建筑事务所把它看做是建筑内部的边缘以及建筑内活动的容器。事务所对立面设计进行试验来理解和应对两种经常矛盾的需求：从内部向外部看是什么样，从外部向内部看是什么样。他们也想解决一个基本的问题：如何指导使用者。

图利大街排屋不是为一个特定的用户设计的，但是它仍然从使用者方面对空间环境品质进行了认真考虑。事务所细心地处理了新与旧之间的关系，将色彩作为一种令人兴奋的元素，在整个空间中不断地重新校准时间。

对于历史建筑的工作要细致、谨慎，并采用一种开放的、探询的、积极响应的方法。历史建筑有其自身的限制，但也允许改变和干预。理解一个现存建筑的状况使我们能够在实用并且充满活力地应对现状的同时，去发现并且抓住创造的机会。

从室内看阳光透过彩色玻璃照进来

夜间从图利大街看的夜景，背景是 More London 开发项目

价值最大化：桑树街 290 号
（290 Mulberry Street）

纽约，美国
SHoP 建筑师事务所

好设计的价值是什么？对于"绿色"建筑来说，市场上的优势是容易量化的，它可以带来经济效益，比如生命周期内更低的成本、税收鼓励以及居住者的室内舒适度，更不用说有利于环境的社会效益了。然而，好设计其他方面的价值则较难评估。设计中有两种价值，一种来自于对于客户的责任，客户需要理解他们正在得到的价值，这些价值将会体现在经济方面；第二种是来自对于居住者的责任，他们需要好的设计来给他们居住的建筑带来社会的和经验上的价值。

SHoP 建筑师事务所在纽约的设计实践中形成了一种特殊的价值：他们以非常实用的方式工作，产生了一种独特的，既是工业化的又有诗意的工作方法。他们是最早采用数字技术进行构造研究的几个事务所之一，但他们的事务所并不受限于数字技术。SHoP 用精巧性、创造性和技术来调节好的设计，同时不给客户增加经济负担。他们利用数字化的潜力和制造来实现建造的经济性，同时不以牺牲设计品质和价值为代价。

环境

290 Mulberry Street 坐落在纽约诺利塔区（小意大利区北部）的西北边缘，北面是休斯顿街，西面是桑树街的历史建筑普克大厦。包括屋顶设备层在内的这座建筑高 13 层，首层和地下室是商业空间，楼上有 9 个住宅。它的标准层平面约有 186 m^2。考虑到这个区域的房地产价格，290 Mulberry Street 表皮厚度的优化对于平衡表皮设计增加的价值和可售面积的价值至关重要。

城市区划要求建筑朝向休斯顿街和桑树街的两面采用"明显的石造建筑"外墙，它创造了直接响应普克大厦，这个纽约最著名的石造建筑之一的机会。结果是，这个建筑的周边环境定义了这个建筑，它是建筑师对于周围街区和建筑规范的直接回应。SHoP 设计概念的关注点在于对当地法律法规的诠释以及对石造建筑的当代回应，在应对石造建筑和细节方面避免了混杂的处理手法。

290 Mulberry Street 总平面图

普克大楼的一角，前面是施工中的 290 Mulberry street

将难题变成新的可能性

290 Mulberry Street 的设计是由多个关键点驱动的：室内面积最大化，使建筑在规范允许的投影限制内，以及使整体立面的厚度最小化。当与材料性质和制造限制相结合时，这些要求就决定了一种对砖墙细节进行现代再诠释的办法。

建筑技术的提高使得比以往都薄的墙体构造成为可能，较大的面积需求和有限的建筑面积造成的经济压力推动了这一趋势。传统石造建筑的立面厚度能够满足多层次的装饰需求，但现在技术上不需要那么厚的墙，经济上又不能让墙占用建筑红线内的可售面积，于是 SHoP 寻找建筑红线外的可用空间来创造现代的装饰。纽约市建筑规范允许建筑每 100 平方英尺（约 9.3 m²）的面积内可以有 10 平方英尺（约 0.9 m²）

投影在建筑红线外，挑出长度最多 25.4 cm。这个规定适用于突出的装饰物，比如外圆角、檐板。

SHoP 提出了一种"波纹"表皮设计——砖块在整个立面上突出堆叠（不是单调地突出，而是像一个外圆角那样）——这与建筑规范设想的环境并不是很融合。"波纹"的"峡谷"处在建筑红线上，所以几乎整个立面都超出了建筑红线，尽管只有约 1.9 cm。SHoP 利用分析软件计算出超出建筑红线的平均值，可以保证满足建筑规范。

表皮上每块砖都以精确的增量突出于表面，难以通过泥瓦匠手砌来实现。相反，这些砖在工厂被预先制成定制面板。除了设计的灵活性以外，定制面板往往具有更高的质量控制，因为它是工厂生产的，具有非现场制造面板的进度优势，可以在建筑物的结构安装时进行制造，然后被运到现场，并用起重机快速安装。这使得建造建筑表皮的时间大大缩短，而这对于早日开展室内饰面工作很重要。

建筑师通过使用数字建造技术，以最小的成本获得了最大的效益和额外面积。290 Mulberry Street 的表皮临街面有非凡的质感，而内部是简单的混凝土框架核心。实墙上窗户的比例几乎和旧式公寓大楼（周边街区的主要建筑形式）是一样的，整个建筑表皮清晰地表现了一系列错列的、孔洞式的窗户。表皮的"包装纸"概念以及砖的充满活力的应用给了建筑一种整体一致感，开窗和单元面板的形式创造了一种动感的视觉印象，从而使这个表皮更具现代性。

连续有"波纹"的砖表面

开窗

砖墙突出部分, 0到9.5 cm
(绿色区域——大约15%)

砖墙凹陷部分, 0到9.5 cm
(白色区域——大约85%)

SH○P
SHARPLES
HOLDEN
PASQUARELLI

| 与建筑红线相关的面板 | N.T.S. | 05.23.06 | HOUSTON ST |

表现建筑表皮规则分析的图纸

在运往施工现场前, 单独的预制砖面板单元

从桑树街向北看的效果图, 显示了建筑
的砖表皮和混凝土内核

实施过程中设计目标的发展

制造性和建造性的考虑使得设计在两个不同的尺度同时发展。在小尺度上，独立的砖突出它周围的砖的长度不能超过 1.9 cm。同时，在较大尺度上，确保面板的布置与柱网、层高和开窗相协调同样重要。在使用不同的实体和数字设计模型的基础上，SHoP 通过从细节到整体的砖的布置过程以及从整体到细节的表皮设计过程将整个设计深化。

建筑师将建筑表皮理解为一种分层的过程而不是一种独立、先入为主的形式，他们在知道建筑的确定形态之前就开始了表皮的参数化数字建模。参数化模型特别有助于在给定参数限制而不是固定形态的条件下，进行可能的构件与制造技术的探索。如此一来，在得知所有参数都已被考虑并且没有抑制可能性的条件下，限制条件可以明确，设计过程可以得到发展。

砖在两条轴线上悬挑，长度小于1.9 cm

砖立面的一顺一丁砌（砖）法图

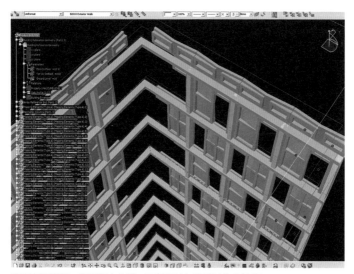

表皮电脑模型，表现窗户位置、面板设计与建筑结构的协调

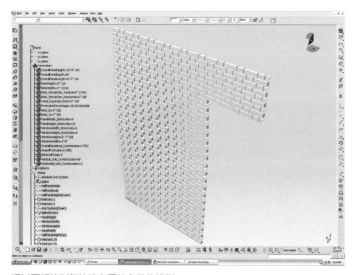

通过面板控制每块砖布置的参数化模型

反馈循环与测试

在 290 Mulberry Street 项目发展的各阶段，各种软件构建的反馈循环测试确定了技术与审美方面参数的设定。建筑师以开放平台、多设备的方式为设计的每个部分使用了最好的工具。分开的数字建模在质量控制中起到了关键作用，每一个模型都可被用来复查项目的数据和形态。这些软件使得设计者可以快速建立简单的规则进行测试并及时更改。这个平台既清晰又精确，而且足够开放，可以支持一个不断变化的方案。

这个项目是事务所第一个测试并使用建筑信息模型（BIM）平台的项目。BIM 是一种软件技术，它建立的数字模型包含了构件数量与性质等相关的信息，并且能够自动将任一模型视图内的变化与模型的其他部分相关联。Revit 是一种可以将各个部分信息进行参数化协调的 BIM 软件。SHoP 使用 Revit 软件，根据其他各种软件产生的面板数据制作相关图纸和文件。

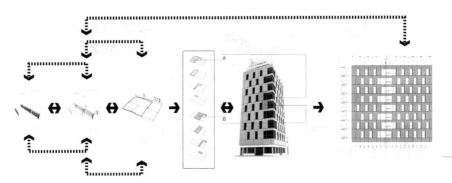

290 Mulberry Street 反馈设计程序图，表现了每个尺度的操作是如何互相促进的

对话

砖面板的材料和制造对于建筑表皮设计的影响是整体性的，它们从一开始就是主导因素。因此，SHoP尽可能早地引进了制造商和建造表皮的承包商来进行制造技术的研究，并且取得了面板内和面板间所需的施工容差。

表皮面板制造的关键在于制作每块面板时混凝土衬里被浇筑时用来支撑砖块的衬板。这个衬板是一种可伸展的橡胶，是与制造商萨拉马克（Saramac）合作、按照SHoP的设计制成的。由于制造原料的高成本，SHoP做了围护系统中每个面板都由同样最小的正片产生的设计。最大限度地使用这种单元片改变了建筑表皮每个细节的决定方式，包括面板到面板、窗户单元到面板、砖到混凝土以及面板到钢结构的细节。建造过程的精确测试及研究开发主要集中于衬板上。每块砖的位置、与周围砖的关系以及灰浆接缝的形式都通过这一元件进行控制，所以衬板的精确制造至关重要。

CNC（计算机数字控制）制造的主要的正片，以此制造橡胶衬板

浇筑用来制作每个表皮单元面板的橡胶衬板

将砖放置在橡胶衬板中；砖的背面被固定，与混凝土层形成机械连接

一个橡胶衬板单元，将每块砖安放到位来制造面板

一块正在制作的由模板固定的面板，砖在衬板中，上面是加固钢筋，还没有浇筑混凝土

图中显示了由同一个正片产生的各种类型的面板：由于正片制造很昂贵，设计的一个主要目标是用一个正片制造出所有需要的面板类型

价值与经济

在 290 Mulberry Street 的设计开发过程中，一种简单的独创逻辑逐步形成。建筑设计通过加入价值参数实现了很强的经济性。这个项目不只体现了数字技术作为一种工具应用，而且体现了建筑师对于电脑软件的综合使用，这使兼具技术性和美观性的设计成为可能，并产生了既经济又美观的作品。

一个建筑的表皮、结构及其辅助设施在基地上的整合经常是建筑建造过程中最复杂的部分，也是建筑周期中最可能失败的地方。这个项目以及其他项目中 BIM 真正的优势在于将设计与施工团队在设计初期阶段就结合在一起。将建筑全周期各部分用数字技术虚拟地综合起来，这使得问题在建造之前就得到解决，而不是等问题出现后再解决，同时可以最大限度地提高建筑的可能性并使其价值最大化。

290 Mulberry Street 立面完成时的景象

定制：夏洛特（Charlotte）办公楼

伦敦，英国
利夫舒茨 – 戴维森 – 桑迪兰兹建筑事务所

设计定制的、最优化并且有效满足所需性能条件的方法是最划算的，这是众所周知的。去掉为提供多余灵活性而采用的不必要的构件，可以节约成本。有必要的创新是建立在对前期案例的仔细考察的基础上的，以找到已得到检验的合适方法。

——安德鲁·霍尔，奥雅纳立面工程师

利夫舒茨 – 戴维森 – 桑迪兰兹建筑事务所是伦敦的建筑设计事务所，工作范围很广。他们理解并控制每一个项目的设计、施工、预算以及关于环境和细节的程序。事务所为夏洛特办公楼定制了建筑表皮，这是伦敦西区一处新的投机性办公建筑。事务所的目标是超越技术预期，用简单、清晰的设计带来愉悦。

为一个特定的项目建造定制立面有很多因素需要考虑，如场地环境和限制、技术和审美、客户的诉求，以及所有这些因素甚至更多因素的综合。夏洛特大楼复杂的设计和技术纲要、繁华的地理位置，以及将来用户（这座建筑位于伦敦的高端地区，有很多广告公司等类似机构）的市场需求都意味着一个非定制的建筑表皮不可能满足要求，所以利夫舒茨 – 戴维森 – 桑迪兰兹建筑事务所为它开发了一种定制的建筑表皮。

夏洛特办公楼的曲线拐角处

朝向格雷斯街一侧庭院的街角效果图：弯曲的玻璃板是获得"光洁表皮"效果的关键。室外的斜坡地面与倾斜的地基剖面角度相匹配，并且在与地面交接部分通过黑色玻璃板隐藏地下的空间

环境和外观

这座建筑位于伦敦西区一个历史上很显赫的地区，其突出特征是该区域的 18 和 19 世纪的建筑。这些建筑多为石造结构，有较小的开窗。新建筑与现存环境中的立面表达和开窗比例应该产生联系，这点很重要。客户和租户往往希望要一个典型的全玻璃幕墙的办公楼，但敏感环境的限制以及英国对于节能要求越来越严格的法规，意味着在新建筑中越来越难以实现这一点。

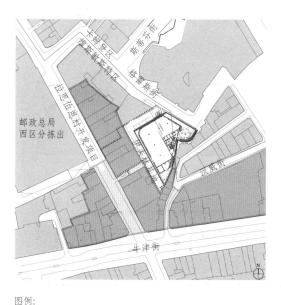

图例:
—— 场地边界
----- 产权边界
—— 区边界
▨ 汉威街
　 保护区

夏洛特办公楼的总平面图和相关的主要
场地限制因素

虽然项目要求对环境有所回应，但重要的是最终的建筑要达到现代的审美要求。事务所设计的这个 7 层建筑在各个尺度上都有丰富的细节。每层楼的立面都采用了烧结玻璃拱肩，通过氧化铝的衬背来减少立面上的玻璃比例，同时保持整洁的玻璃外观。在"玻璃柜"拱肩上的白色斑点纹样产生了有活力的质感，并且随着表面上光线的变化而不断改变。金色和自然色的氧化铝、黑色烧结玻璃以及不锈钢也被用于表皮的外部。

安装中的立面，表现水平条带上从底层开始向上的施工顺序

窗户和表皮技术中心用于测试的单元化标准面板（没有安装在建筑上）

堆放在工厂里用来制作拱肩面板的烧结玻璃板

高级采购

方案的尺度和复杂性对于立面的采购提出了一个挑战。夏洛特办公楼的建筑处于两难的境况：对于小型工匠制造商来说，项目太大；但对于大的表皮承包商，项目又太小，不经济可行。这种建筑很难在英国作为定制产品投标，所以早期对项目进行充分的市场测试以保证其可行性至关重要。这促使项目团队需要在签订确定价钱的正式合同之前找到立面承包人，验证定制方法。

技术设计和定制立面带来的长生产周期也需要采购较早进行，它可以促进基地上更加迅速地开始工作，这无需承包商参与就可以进行。虽然这个设计过程中立面的细部设计需要比常规的设计更早确定才能进行早期投标，但该策略促进了立面技术设计与整个建筑的综合。

综合与使用者舒适度

从技术的角度看，夏洛特办公楼的服务与环境策略是立面形态设计的主要驱动因素，它要求在建筑四周获取的阳光热量都能得到有效控制。内部暴露的混凝土结构通过在结构框架内蓄热、蓄冷帮助减缓了温度波动幅度，降低了能源负载。

建筑采用了置换通风系统，在降低能源消耗和提升使用者舒适度方面有很多优势。这个系统使得在春秋季节可以开启窗户，实现被动式通风，制冷系统可以关闭，机械通风系统的新风供应可以由开启窗户得到的空气进行补充。这个策略通过提供使用者控制室内环境的途径以及提升使用者舒适度，给了租户很大的好处，客户也把这一点作为一个重要的市场优势。

　　置换通风系统使用大量温度相对高一些的新鲜空气，以较低的速度通过架空地板供应，这样降低了使用者被风吹而不舒适的风险。 与最小新风系统相比，该系统还确保内部空气质量良好，最小新风系统使用的是维持内部环境所需的最小体积的新风，结果是必须供应温度较低的空气。夏洛特大楼供应的空气温度是 18 ~ 19 ℃，这意味着在伦敦的春天和秋天，自然空气不需处理就可以供应，有效降低了冷却空气多需的能源负载。如前文所述，提供可开启窗，允许使用者对于环境的直接控制，并且提供得到更多新鲜空气的途径，这种控制给予使用者与外界更强的联系，降低了被建筑封闭的感觉。

　　大楼内低能耗的机械通风系统无法用来应对大量的制冷需求，所以气候调节的需求是由表皮自己解决的。为了达到这种效果，有必要限制建筑表皮上玻璃的比例来控制光照获得热量，这种热量会增加机械设备能源需求。这座建筑表皮上的玻璃比率低至 40％，而这种建筑的表皮玻璃比例通常在 60％以上。

　　为了进一步降低能源消耗，建筑师在表皮需要的部位使用了高性能的玻璃（通过低辐射、充氩气的单元来降低热量传递）。这就需要对窗户位置和大小进行仔细考虑，以便在使日光和视野最大化的同时控制光热量。在地板表面层以上 750 mm 处使用不透明的拱肩，降低了玻璃使用面积，同时不影响使用者从他们桌子上向外看的视野。玻璃的布置通过降低从建筑周边到建筑内部的照度变化的幅度，使日光在空间中更均匀地分布，提高了内部所能感受到的日光水平。

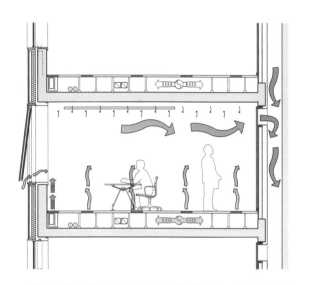

环境剖面图：架空地板充气空间提供新鲜空气，开窗获得的空气可以作为补充。室内的热量使空气变热、上升并通过中央的竖筒抽到地下室机房

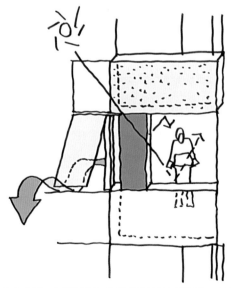

工作草图，表现使用者对于建筑的接触与操作以及建筑表皮的尺度

交付最终产品

用定制的表皮系统取得正确的结果需要在原型设计和检测上有一定量的投资，这不只是从技术性能方面考虑，同时也兼顾了审美细节。团队为夏洛特大楼制作了许多实物模型和原型模型，这些模型多种多样，从用来测试基地上一个典型单元的单个表皮面板，到用来探索面板单元和烧结样式比例和深度的玻璃柜拱肩的小尺度模型。

一旦建筑师和表皮承包人完成了典型元素的细节技术设计，一个完整的原型就诞生了，当然随后还要经过严格的测试来证明该系统的性能。根据窗户与表皮技术中心（CWCT）的协议，测试体制包括将单元置于模拟的降雨和风压循环中，用一套特制的检测设备检测，来保证其防水性以及在极端天气下的安全性。这也使得系统制造、装配和安装可以在最终元件的制造开始前得到测试，以便在实际施工前发现问题。

获取"最优价值"

最优价值的获取要使用最合适、最划算的方法，也要平衡在外观、供应能力、程序、性能和预算等方面中设计师的要求与客户的需求。对于一个像夏洛特大楼这样高度专门化的项目，项目目标是在投机市场中实现"总部大楼"型的项目，建筑的定位是非常重要的。

由于这个项目规模相对较小（6085 m²），表皮承包商的设计、工具与原型试验的费用相对较高，设计高效性和构件种类的最小化显得尤其重要。比如，支撑立面玻璃和金色柱筒的基本框架系统有相同的定制挤压型材。

标准面板细节，柱筒、顶悬窗和向外开的通风孔

表皮防水性测试　　　　测试装备在标准面板上喷水

　　这种性质的立面的总造价受到许多参数的影响，其中很多参数对于最终系统的性能或外观没有影响或影响很小。在不影响质量的情况下，可以通过调整生产程序、工人在工厂和基地对于构件的处理以及生产每个元件的用料量等措施降低造价。这种预制单元化立面系统中的工程经济学与汽车工业的程序有很多相似之处。在汽车工业中，制造程序、避免浪费以及生产装配线是很重要的因素。如果使用更少的构件、材料可以省钱，或者安装过程可以更快，那么所有这些都应列在设计中来加速制造和装配。定制幕墙的制造是类似的，早做设计决定对于提高工厂制造速度和节约潜在的成本有重要作用，同时不会影响最终系统的外观或性能。这种方式通过将立面系统的设计和技术性能放在最重要的位置提升了最终产品的质量。

面板的实物模型在基地上安装到位。这个模型由模型制作商运用 MDF、玻璃和有机玻璃制造，这个实际尺寸的模型被用来在项目早期阶段探索概念设计

注释

简 介
[1] Architecture 2030, United States Energy Information Administration 数据, http://www.archi-tecture2030.org/.

第一部分
形式与性能的循环反馈
[1] Matthias Sauerbruch, "Sustainability, or the Redefinition of the Pleasure Principle," Harvard Design Magazine 30 (春/秋 2009): 60–67。

人体的舒适度
[1] Herman Pontzer副教授, 圣路易斯华盛顿大学人类学院, 与作者的私人联系, 2009-05-27。
[2] Max Fordham, "The Role of Comfort in Happiness," in Building Happiness: Architecture to Make You Smile, ed. Jane Wernick (London: Black Dog Publishing Ltd., 2008), 56–65.
[3] American Society of Heating, Refrigerating and Air-Conditioning Engineers, Inc. (ASHRAE), Standard 55-2004—Thermal Environmental Conditions for Human Occupancy (ANSI Approved) (Atlanta, GA: ASHRAE, 2004). 这个标准详细说明了80%的静止或稍有运动的人感到的环境温度可以接受的条件或舒适范围。
[4] Ibid., 3.
[5] Ibid., 1.
[6] Michelle Addington和Daniel Schodek, Smart Materials and Technologies for the Architecture and Design Professions (Amsterdam and Boston, MA: Architectural Press, 2005).

气候与环境
[1] 参考了Bob Allies和Graham Morrison的 "A Particular Point of View," in MAP (Michigan Architecture Papers) 2: Allies and Morrison (Ann Arbor, MI: University of Michigan College of Architecture Business Office, 1996).
[2] Matthew Herman, Buro Happold Consulting Engineers, 与作者的私人联系, 2008–9。

多学科到跨学科
[1] Anna Dyson, 建筑科学与生态中心的主管, 伦斯勒理工学院建筑系副教授, 与作者私人联系。
[2] Basarab Nicolescu, ed., Transdisciplinarity: Theory and Practice (Cresskill, NJ: Hampton Press Inc., 2008).
[3] Anna Dyson, 与作者私人联系。

材料与制造
[1] 参考了Michelle Addington和Daniel Schodek的Smart Materials and Technologies for the Architecture and Design Professions (Amsterdam and Boston, MA: Architectural Press, 2005).
[2] Centre for Window and Cladding Technology, "Cladding Metals 1—Ferrous Metals," 计算自 Technical Note 22, http://www.cwct.co.uk/publications/tns/short22.pdf.
[3] John Fernandez, Material Architecture: Emergent Materials for Innovative Buildings and Ecological Construction (Boston, MA: Architectural Press, 2006).

[4] Arup engineer Tali Mejicovsky，与作者私人联系，2009-07-03。

[5] Permasteelisa Group，与作者私人联系，2009-05/06。

全生命周期分析

[1] Gary Lawrence，来自Arup，与作者私人联系，2007-08。

[2] Stephen Mudie，建筑表皮专家，Davis Langdon LLP (一个全球性的建造咨询公司)的合伙人，与作者私人联系，2008和2009。

[3] U.S. Environmental Protection Agency（美国环境保护机构），"Life-Cycle Assessment (LCA)," http://www.epa.gov/ORD/NRMRL/lcaccess/.

[4] NIST手册135，"Life-Cycle Costing Manual for the Federal Energy Management Program," 1995版，http://www.fire.nist.gov/bfrlpubs/build96/PDF/b96121.pdf.

[5] 例如，见Buildings and Constructed Assets : Service-life planning，"Part 5 : Life-Cycle Costing" (国际标准组织，2008)，http://www.iso.org/iso/catalogue_detail.htm?csnumber=29430.

[6] Stanford University Land and Buildings，"Guidelines for Life Cycle Analysis," 2005-11，http://lbre.stanford.edu/dpm/sites/all/lbre-shared/files/docs_public/LCCA121405.pdf.

[7] Center for Building Performance and Diagnostics，卡内基梅隆大学建筑学院，"Building Investment Decision Support," http://cbpd.arc.cmu.edu/bidstrial/pages/home.aspx http://cbpd.arc.cmu.edu/bidstrial/pages/intro.aspx?id=5.

第二部分
整体分析要素

[1] Patrick Bellew，建筑设备工程师以及伦敦Atelier Ten公司的创始董事，与作者私人联系，2009-05。

空气：流动与通风

[1] SBS的问题可能存在于某个房间、局部区域，或者遍布整个建筑内。相反，当可诊断的疾病症状可以被判断并可直接归因于建筑中的空气污染物时可使用"建筑相关疾病"（BRI）一词。环境保护机构对于SBS的定义详见 http://www.epa.gov/iaq/pubs/sbs.html.

[2] 建筑环境中心，"About Mixed Mode," http://www.cbe.berkeley.edu/mixedmode/aboutmm.html.

[3] APS项目的CASE团队成员：Anna Dyson，主任和主要负责人(PI)；Ted Ngai，建筑设计和共同负责人；Jason Vollen，制造设计和共同负责人；Lupita Montoya，机械工程师和共同负责人；Paul Mankiewicz，生物学家和共同负责人；Miki Amitay，机械工程师；Ahu Aydogan建筑学博士生；Michael Paul Allard，机械工程博士生；EmilyRae Brayton，建筑学研究者。

热：得热与散热

[1] Atelier Ten的Patrick Bellew，与作者私人联系。

[2] 在伦斯勒理工学院的建筑科学与生态中心（CASE），先进生态陶瓷表皮系统正处于高级研发阶段，研发人员有副教授和研究负责人Jason Vollen以及建筑学博士生Kelly Winn。通过亚利桑那州立大学（UA）的新兴材料技术研究生项目，UA的一个研究生Jed Laver，对该研究材料方面有所贡献。指导教师包括UA的Alvaro Malo教授和来自CMUD的Dale Clifford。

水：系统与收集

[1] Christopher Kloss，"Managing Wet Weather with Green Infrastructure Municipal Handbook : Rainwater Harvesting Policies" (环境保护公司，2008年12月)，http://www.epa.gov/npdes/pubs/gi_munichandbook_harvesting.pdf.

[2] Water Encyclopedia, http://www.weatherexplained.com/Vol-1/Air-and-Water-Pollution.html.

[3] 美国国家建筑科学研究院，《整体建筑设计指南》，"Building Envelope Design Guide—Curtain Walls," http://www.wbdg.org/design/env_fenestration_cw.php#funda.

[4] Kloss，"Managing Wet Weather with Green Infrastructure Municipal Handbook : Rainwater

Harvesting Policies."

[5] 美国供热、制冷和空调工程师协会(ASHRAE), "ASHRAE GreenTip #37: Rainwater Harvesting," 在ASHRAE GreenGuide第二版中 (Atlanta, GA: ASHRAE, 2006), 312。

[6] 英国下议院, "Flood and Water Management Bill——Draft," 2009年4月21日。英国的这项草拟法案旨在增加可持续排水系统(SUDS)的使用,其手段是终止以前被认为是理所应当的、将建筑表面的水排到下水道的权利,并且要求开发者在新的开发中"所有可行的地方"都使用(SUDS)。这项草案有可能在2011年成为法律。详见http://www.defra.gov.uk/environment/water/strategy/pdf/future-water.pdf。

[7] 伦斯勒理工学院的建筑科学与生态中心(CASE)发展了利用太阳光的建筑表皮,其开发者有Jason Vollen,建筑共同负责人(Co-PI);物理学家Peter Stark博士;Anna Dyson,建筑共同负责人和建筑学博士生Kristin Malone。

材料: 装配与安装

[1] Michelle Addington和Daniel Schodek, Smart Materials and Technologies for the Architecture and Design Professions (Amsterdam and Boston, MA: Architectural Press, 2005).

[2] 美国国家建筑科学研究院, 《整体建筑设计指南》, "Building Envelope Design Guide—Curtain Walls," http://www.wbdg.org/design/env_fenestration_cw.php#funda.

[3] Pilkington North Amercia Inc. technical department, 与作者的电话访谈, 2009年9月。

[4] Permasteelisa Group的Roberto Bicchiarelli, 与作者私人联系。

[5] Ian Ferguson, Buildability in Practice (London: Batsford, 1989), 9.

[6] PCM 团队: 圣路易斯华盛顿大学的Paul J. Donnelly教授;圣路易斯华盛顿大学的Ramesh Agarwal教授;以色列理工学院国家建筑研究协会的Rachel Becker教授;圣路易斯霍克公司(HOK)的Donald Fedorko;圣路易斯华盛顿大学的Troy Fosler。

[7] 伦斯勒理工学院建筑科学与生态中心(CASE)的建造生态研究生项目研究了用后农业副产品制造的结构材料,其人员包括: Anna Dyson, 共同负责人(Co-PI);研究员Jason Vollen;博士生Anu Akkineni。

天光: 舒适与控制

[1] William M. C. Lam, "Environmental Objectives and Human Needs," 在Perception and Lighting as Formgivers for Architecture一书中, 编辑是Christopher Hugh Ripman (纽约, NY: McGraw-Hill, 1997)。

[2] 舒适与低能耗建筑(CLEAR), "Daylight Factors," www.learn.londonmet.ac.uk/packages/clear/visual/daylight/analysis/hand/daylight_factor.html.

[3] Building Energy Codes Resource Center (建筑能源规范中心), "What is a Window SHGC?" http://resourcecenter.pnl.gov/cocoon/morf/ResourceCenter/article//93.

[4] Lam, "Environmental Objectives and Human Needs."

[5] Joel Loveland, "Daylight by Design," LD + A (Oct. 2003): 44–48.

[6] Chuck Hoberman, "The Art and Science of Folding Structures: New Geometries of Continuous Multidimensional Transformations," 在 SITES Architecture 24中, 由Dennis Dollens编辑。(纽约, NY: Lumen, Inc.): 34–53。

能量: 最小化与最大化

[1] Architecture 2030, 美国能源信息机构数据, http://www.architecture2030.org/current_situation/building_sector.html.

[2] Michelle Addington, "No Building Is an Island: A Look at the Different Scales of Energy," Harvard Design Magazine 26 (Spring/Summer 2007): 38–45.

[3] 美国能源信息机构,能源市场与最终用途办公室,2001年住宅能源消费调查, http://www.eia.doe.gov/emeu/recs/recs2001/enduse2001/enduse2001.html.

[4] 英国皇家建筑师协会(RIBA), "Carbon Literacy Briefing," http://www.architecture.com/

FindOutAbout/Sustainabilityandclimatechange/ClimateChange/CarbonLiteracyBriefing.aspx.

[5] Architecture 2030, "Measures of Sustainability," http://www.canadianarchitect.com/asf/perspectives_sustainibility/measures_of_sustainablity/measures_of_sustainablity_embodied.htm.

[6] Ibid.

[7] 美国能源信息机构，"Building Sector Expenditures," http://buildingsdatabook.eren.doe.gov/TableView.aspx?table=1.2.3.这个图中显示的是表关系到成本，而不是消费。

[8] Joel Loveland，"Daylight by Design," LD + A (Oct. 2003): 44 – 48.

[9] 舒适与低能耗建筑（CLEAR），"Daylighting and Visual Comfort," http://www.learn.london-met.ac.uk/packages/clear/index.html.

[10] Dr. Raymond Cole，英属哥伦比亚大学建筑与景观学院教授，在被动与低能耗建筑（PLEA）会议上的主题演讲，2009年6月22–24。

[11] Kathryn Janda，"Buildings Don't Use Energy; People Do,"在Architecture, Energy, and the Occupant's Perspective, 被动与低能耗建筑（PLEA）会议记录中，编辑是Claude Demers和André Potvin。

[12] 伦斯勒理工学院的建筑科学与生态中心（CASE）正在开发综合集中系统，开发人员有Anna Dyson，研究主管和主要负责人（PI）；Michael Jensen，机械工程师；Kyle Brooks和Steven Derby，机械和机器人学工程师；Jesse Craft，机械工程师；Joshua Emig，建筑工程师；Tim Eliassen，结构工程师；Skye Gruen，环境工程博士生；Ryan Salvas，建筑研究生。

第三部分
建筑表皮综合策略

大进深建筑：哈勒奎恩1号（Harlequin 1），英国天空广播公司传播与记录设施

[1] Arup Newsletter 16 (Oct. 1963): 28–29.

[2] Herbert Girardet, "Sustaining Design,"属于Arup Associates: Unified Design, ed. Paul Brislin (London: John Wiley & Sons, 2008), 54.

[3] Paul Brislin，与作者私人联系。

反馈循环：英语学院与犯罪学学院

[1] Buro Happold，项目团队文件 RIBA Stage D。

[2] Ibid.

[3] Geun Young Yun and Koen Steemers, "Time-dependent occupant behaviour models of window control in summer," Building and Environment 43, no. 9 (2008): 1471–82. 也见 Geun Young Yun、Koen Steemers和Nick Baker的 "Natural ventilation in practice: Building design, occupant behaviour and thermal performance," Building Research & Information 36, no. 6 (2008): 608–24.

[4] Gavin Stamp, "Taming the zoo," Building Design (Oct. 8, 2004), http://www.bdonline.co.uk/story.asp?storycode=3041744.

参考文献

1. 出版物资源

[1] Addington, Michelle D., and Daniel Schodek. Smart Materials and New Technologies: for the Architecture and Design Professions. Amsterdam, NETH, and Boston, MA: Architectural Press, 2005.

[2] American Society of Heating, Refrigerating and Air-Conditioning Engineers, Inc. ASHRAE GreenGuide: The Design, Construction, and Operation of Sustainable Buildings. Atlanta, GA: ASHRAE, 2006.

———. "ASHRAE Technical Committees." 2nd ed. ASHRAE GreenGuide. Atlanta, GA: ASHRAE, 2006.

———. Thermal Environmental Conditions for Human Occupancy. Atlanta, GA: ASHRAE, 2004.

[3] Asimakopoulos, D. N. Energy and Climate in the Urban Built Environment. Edited by Mat Santanmouris. London, UK: James & James, 2001.

[4] Banham, Reyner. The Architecture of the Well-Tempered Environment. 2nd ed. Chicago, IL: University of Chicago Press, 1984.

[5] British Council for Offices. 2009 Guide to Specification. London, UK: British Council for Offices, 2009.

[6] Brock, Linda. Designing the Exterior Wall: an Architectural Guide to the VerticalEnvelope. Hoboken, NJ: Wiley, 2005.

[7] Brown, G. Z. Sun, Wind & Light: Architectural Design Strategies. 2nd ed. New York, NY: Wiley, 2001.

[8] Burroughs, William, ed. Climate: Into the 21st Century. Cambridge, UK: Cambridge University Press, 2003.

[9] Clarke, Joseph. Energy Simulation in Building Design. 2nd ed. Oxford, UK: Butterworth-Heinemann, 2001.

[10] Daniels, Klaus. The Technology of Ecological Building: Basic Principles and Measures, Examples and Ideas. Translated by Elizabether Schwaiger. Basel, SWI: Birkhäuser, 1997.

[11] Demkin, Joseph A., ed. The Architect's Handbook of Professional Practice. 14th ed. Hoboken, NJ: Wiley, 2008.

[12] Fernandez, John. Material Architecture: Emergent Materials for Innovative Buildings and Ecological Construction. Boston, MA: Architectural Press, 2006.

[13] Fitch, James Marston. American Building: The Environmental Forces That Shape It. Oxford, UK: Oxford University Press, 1999.

[14] Hegger, Manfred. Energy Manual: Sustainable Architecture. Translated by Gerd H. Söffker, Philip Thrift, and Pamela Seidel. Basel, SWI: Birkhäuser, 2008.

[15] Herzog, Thomas, Roland Krippner, and Werner Lang. Façade Construction Manual. Basel, SWI: Birkhäuser, 2004.

[16] Hunt, William Dudley. The Contemporary Curtain Wall: Its Design, Fabrication and Erection. New York, NY: F.W. Dodge, 1958.

[17] Ken, Yeang. Ecodesign: A Manual for Ecological Design. London, UK: Wiley, 2006.

[18] Larson, Greg Ward, and Rob Shakespeare. Rendering with Radiance: The Art and Science of Lighting Visualization. San Francisco, CA: Morgan Kauffman, 1998.

[19] Lechner, Norbert. Heating, Cooling, Lighting: Design Methods for Architects. New York, NY:

Wiley, 1991.

[20] Major, Mark, Jonathan Speirs, and Anthony Tischhauser. Made of Light: The Art of Light and Architecture. Basel, SWI: Birkhäuser, 2004.

[21] Malkawi, Ali M. and Godfried Augenbroe, eds. Advanced Building Simulation. New York, NY: Spoon Press, 2003.

[22] McEvoy, Michael. External Components. 4th ed. Mitchell's Building Series. Harlow, UK: Longman, 1994.

[23] Olesen, B. W. and G. S. Brager. "A Better Way to Predict Comfort: The New ASHRAE Standard 55-2004." ASHRAE Journal. 20–26, 2004.

[24] Santamouris, Mat and Dejan Mumovic, eds. A Handbook of Sustainable Building Design and Engineering: an Integrated Approach to Energy, Health, and Operational Performance. London, UK: Earthscan, 2009.

[25] Schittich, Christian, ed. In Detail: Building Skins: Concepts, Layers, Materials. Basel, SWI: Birkhäuser, 2001.

[26] Silver, Pete, and Will McLean. Introduction to Architectural Technology. London, UK: Laurence King Publishing, 2008.

[27] Smith, Jacqueline, ed. The Facts on File Dictionary of Weather and Climate. New York, NY: Facts on File, 2006.

[28] Smith, Peter F. Architecture in a Climate of Change: A Guide to Sustainable Design. Boston, MA: Architectural Press, 2001.

[29] Stein, Benjamin and John S. Reynolds. Mechanical and Electrical Equipment for Buildings. 9th ed. New York, NY: Wiley, 2005.

[30] Szokolay, Steven V. Introduction to Architectural Science: The Basis of Sustainable Design. Boston, MA: Architectural Press, 2004.

[31] Tochihara, Yutaka and Tadakatsu Ohnaka. Environmental Ergonomics: The Ergonomics of Human Comfort, Health, and Performance in the Thermal Environment. Amsterdam, NETH: Elsevier, 2005.

[32] Watts, Andrew. Modern Construction Facades. New York, NY: Springer, 2005.
———. Modern Construction Handbook. New York, NY: Springer, 2001.

[33] Wigginton, Michael and Jude Harris. Intelligent Skins. Oxford, UK: Butterworth-Heinemann, 2002.

2. 网络资源

[1] American Society of Heating, Refrigerating and Air-Conditioning Engineers, Inc.

[2] "ASHRAE Technical Committee 2.1 – Physiology and Human Environment: Frequently Asked Questions." http://tc21.ashraetcs.org /faq.html.

[3] Autodesk. "TheWeather Tool." Autodesk Ecotect. http://ecotect.com/products/weathertool.

[4] Bazjanac, Vladimir. "Building Information Modeling for the e-Lab at LBNL." Lawrence Berkley National Laboratory. http://bim.arch.gatech.edu/data /reference/elab.pdf.

[5] Briggs, Robert S., Robert G. Lucas, and Z. Todd Taylor. "Climate Classification for Building Energy Codes and Standards." http://www.energycodes.gov/implement/pdfs/climate_paper_review_draft_rev.pdf.

[6] Building Enclosure Council. "Whole Building Design Guide." Building Envelope Design Guide. http://www.wbdg.org/design/envelope.php.

[7] Building Sustainable Design. "CPD Module 6: Comfort for Productivity in Offices." Building Services Journal. http://www.bsdlive.co.uk/story.asp?storycode=3068212.

[8] Cheung, K.P. "The Sun and Building Design Process, I & II." http://www.arch.hku.hk/teaching/lecture/65156-8.htm.

[9] "Climates of the World." Climate Zone. http://www.climate-zone.com/.

[10] Department of Environmental Health Faculty of Health Science. "Solar Energy: From Earth to the Sun." Solar Disinfection of Drinking Water and Oral Rehydration Solutions: Guidelines for Household Application in Developing Countries. http://almashriq.hiof.no/lebanon/600/610/614/solar-water/unesco/21-23.html.

[11] "Energy Code Climate Zones." Building Energy Codes Resource Center.http://resource-center.pnl.gov/cocoon/morf/ResourceCenter/article//1420.articletopdf? homepage_url=http://resourcecenter.pnl.gov/cocoon/morf/ResourceCenter&site_name=ResourceCenter.

[12] Health and Safety Executive. "What is Thermal Comfort?" http://www.hse.gov.uk/temperature/thermal/explained.htm.

[13] "Rainwater Harvesting Policies." Managing Wet Weather with Green Municipal Handbook: Funding Options. http://www.epa.gov/npdes/pubs/gi_munichandbook_funding.pdf.

[14] Taylor, Todd Z. "New Climate Zones in the IECC 2004 Supplement and ASHRAE Standard 90.1-2004." Paper presented at the 2005 National Workshop Building Energy Codes Program, June 28, 2005. http://www.energycodes.gov/news/2005_workshop/presentations/plenary-day/hot-topics/commercial/t_taylor-new_climate_zones.pdf

[15] U.S. Department of Agriculture. "Wind Rose Data." Natural Resources Conservation Service. http://www.wcc.nrcs.usda.gov/climate/windrose.html.

[16] U.S. Department of Energy: Energy Efficiency and Renewable Energy. "Climate Consultant." Building Energy Software Tools Directory.http://apps1.eere.energy.gov/buildings/tools_directory/software.cfm/ID=123/pagename=alpha_list.

[17] U.S. Department of Energy: Energy Efficiency and Renewable Energy. "Weather Data Sources." EnergyPlus Energy Simulation Software.http://apps1.eere.energy.gov/buildings/energyplus/weatherdata_sources.cfm.

[18] U.S. Department of Energy: Energy Efficiency and Renewable Energy. "Weather Tool." Building Energy Software Tools Directory. http://apps1.eere.energy.gov/buildings/tools_directory/software.cfm/ID=375/pagename=alpha_list.

[19] "Weather and Climate Change." Met Office. http://www.metoffice.gov.uk/.

[20] World Climates. http://www.blueplanetbiomes.org/climate.htm.

案例部分项目信息

Adelaide Wharf 住宅
客户：First Base Ltd. and English Partnerships
建筑师：Allford Hall Monaghan Morris LLP Architects
结构工程师：Adams Kara Taylor
环境工程师：Waterman Building Services
施工技术员：Faithful + Gould
主要承包商：Bovis Lend Lease
表皮承包商：Sipral
关键日期节点：
施工日期：2006年4月
竣工日期：2007年11月

160 Tooley Street 办公楼
客户：Great Portland Estates plc
建筑师：Allford Hall Monaghan Morris LLP Architects
结构工程师：Arup
环境工程师：Arup
施工技术员：Gardiner & Theobald LLP
主要承包商：Laing O'Rourke
表皮承包商：Schneider（单元构件系统）；
Mallings（预制混凝土）
关键日期节点：
施工日期：2004年
竣工日期：2008年6月

Harlequin 1，英国天空广播公司传播与记录设施
客户：British Sky Broadcasting Ltd.(BSkyB)
and Stanhope plc
建筑师：Arup Associates
结构工程师：Arup Associates
环境工程师：Arup Associates
施工技术员：Davis Langdon LLP
主要承包商：Bovis Lend Lease
表皮承包商：Lindner Schmidlin
关键日期节点：
施工日期：2007年11月
完工（外壳和内核/装配）：2010年2月
竣工日期（技术装配）：2011年11月

英语学院与犯罪学学院
客户：Estate Management and Building
Service (EMBS), University of Cambridge
建筑师：Allies and Morrison

结构工程师：WhitbyBird Engineers
环境工程师：Buro Happold
施工技术员：Faithful + Gould
主要承包商：Wates Group
表皮承包商：Schneider
关键日期节点：
委托总平面图：2000年
施工日期：2002年
建筑开始使用：2004年
使用后评估：2008年

图利大街排屋
客户：More London Development
建筑师：Hawkins\Brown
结构工程师：Adams Kara Taylor
环境工程师：RHB Partnership LLP
造价咨询：EC Harris
承包商：Haymills (Contractors) Ltd.
表皮承包商：Fleetwood Architectural Aluminium
关键日期节点：
施工日期：2007年春季
建筑开始使用：2008年夏季

290 Mulberry Street
客户：Cardinal Real Estate Investments
建筑师：SHoP Architects
结构工程师：Robert Silman Associates
环境工程师：Laszlo Bodak Engineer P.C.
主要承包商：Kiska Group Ltd.
面板制造商：Saramac
衬板制造商：Architectural Polymers
关键日期节点：
施工日期：2007年
完成时间：2009年

Charlotte办公楼
客户：Derwent London plc
建筑师：Lifschutz Davidson Sandilands
结构工程师：Adams Kara Taylor
环境工程师：Norman Disney & Young
施工技术员/项目经理：Jackson Coles
主要承包商：Balfour Beatty Construction
Scottish and Southern Ltd.
表皮承包商：Fahrni Facade Systems AG
关键日期节点：
施工日期：2007年7月
竣工日期：2009年10月

图片版权

除特殊说明外，所用图片都为作者本人所拥有。带有 "*" 标记的图片是作者经过原作者的允许重新合成的图片。

10: Matt Herman (Buro Happold)

14(t), 28, 45, 46, 47, 48, 49, 51, 55(t): Buro Happold

14(bmt): Jodi Jacobson (www.istockphoto.com)

14(br): Samuel Kessler (www.istockphoto.com)

14(bl): Melissa King (www.istockphoto.com)

14(bmr): Declan McCullagh (www.mccullagh.org)

14(bmb): Phat Trance

17: Laurie Knight (www.istockphoto.com)

19: Teresa Hohn

21*: Nikken Sekkei, Japan

24, 25(t): Jen Cayton (produced in Autodesk Ecotect)

25(b), 159, 160, 162(t), 162(bl), 163, 164, 165, 166, 167, 168, 169: SHoP Architects (www.shoparc.com)

29, 31, 69, 76, 83, 90, 106: Center for Architecture Science and Ecology (CASE), Rensselaer Polytechnic Institute (www.case.rpi.edu)

37*: John Fernandez, Associate Professor, MIT

38, 86,111, 112, 113, 114, 118, 120,122, 123, 124: Allford Hall Monaghan Morris (www.ahmm.co.uk)

41(t): Richard Cooper

41(b): Rod Dorling

42: Alicia Pivaro

53*: Stewart Brand, How Buildings Learn, What Happens After They're Built (New York: Viking Penguin, 1994)

55(b) *: Tim Cooke (Cannon Design)

64, 65(t, m): Jan Bitter (www.janbitter.de)

65(b): Sauerbruch Hutton (www.sauerbruchhutton.de)

67, 94(r): Annette Kisling

72*: Professor Paul J. Donnelly, Sam Fox School of Design and Visual Arts,Graduate School of Architecture and Urban Design, Washington University in St. Louis and Richard Janis of TAO and Associates, Inc.

88(l), 171, 173, 174, 175, 178, 180, 181, 182: Lifschutz Davidson (www.lifschutzdavidson.com)

94(l): Sauerbruch Hutton and Lepkowski Studios, Berlin

97: Hoberman Associates (www.hoberman.com)

98: Foster + Partners

103*: McKinsey & Company